U0611278

新农村农业技术培训系列丛书

脱毒马铃薯良种繁育与栽培技术

左晓斌　邹积田　编著

科学普及出版社

·北　京·

图书在版编目(CIP)数据

脱毒马铃薯良种繁育与栽培技术/左晓斌,邹积田编著.
—北京:科学普及出版社,2012.2
(新农村农业技术培训系列丛书)
ISBN 978-7-110-07679-8

Ⅰ.①脱… Ⅱ.①左…②邹… Ⅲ.①马铃薯-良种繁育
②马铃薯-栽培 Ⅳ.①S532

中国版本图书馆 CIP 数据核字(2012)第 027869 号

责任编辑	鲍黎钧　康晓路
封面设计	鲍萌
责任校对	凌红霞
责任印制	张建农

出版发行	科学普及出版社
地　　址	北京市海淀区中关村南大街 16 号
邮　　编	100081
发行电话	010-62173865
传　　真	010-62179148
投稿电话	010-62176522
网　　址	http://www.cspbooks.com.cn

开　　本	850mm×1168mm　1/32
字　　数	102 千字
印　　张	5.125
印　　数	1—4000 册
版　　次	2012 年 2 月第 1 版
印　　次	2012 年 2 月第 1 次印刷
印　　刷	河北省涿州市京南印刷厂

书　　号	ISBN 978-7-110-07679-8/S·496
定　　价	15.00 元

(凡购买本社图书,如有缺页、倒页、脱页者,本社发行部负责调换)
本社图书贴有防伪标志,未贴为盗版

前　言

　　采用生物工程技术培育出的脱毒马铃薯,具有结薯早、膨大块、早熟、无病毒感染、产量高、品质好等优点,深受农民的青睐。为了尽快推广这一生物工程技术,让农民尽早掌握脱毒马铃薯高效种植技术,笔者编写了《脱毒马铃薯良种繁育与栽培技术》一书。

　　本书共分六个部分,包括:马铃薯栽培概述、马铃薯的生物学特性、脱毒马铃薯的良种繁育、马铃薯的栽培技术、马铃薯病虫草害防治技术、马铃薯的收获与贮藏。本书内容丰富系统,技术先进实用,浅显易懂,真正是一本农民读得懂、用得上的"三农"力作。

　　适于广大马铃薯种植户学习使用,可作为新型农民科技培训教材,也可供植保技术人员、植物组织培养工作者和农业院校师生阅读参考。

　　由于编写过程中难免有错误和疏漏,敬请广大读者提出批评意见。

目　录

第一章　马铃薯栽培概述

第一节　马铃薯的价值及种植意义

一、马铃薯的价值

马铃薯是具有发展前景的高产作物之一，同时也是十大热门营养健康食品之一。马铃薯是仅次于水稻、玉米、小麦的重要粮食作物，由于它高产稳产、适应性广、营养成分全和产业链长而受全世界的高度重视，马铃薯的种薯及各种加工产品已成为全球经济贸易中的重要组成部分。

（一）经济价值

马铃薯产量高、营养丰富，是粮、菜、饲、工业原料兼用的农作物。在我国东北的南部、华北和华东地区，马铃薯作为早春蔬菜成为农村致富的重要作物；在华东的南部和华南大部，马铃薯作为冬种作物与水稻轮作，鲜薯出口可以获得极大的经济效益；在西北地区和西南山区，马铃薯作为主要的粮食作物发挥着重要的作用。

近几年来，马铃薯食品加工、淀粉加工业迅速发展。在食品加工业中，以马铃薯为原料，可加工成各种速冻方便食品和休闲食品，如脱水制品、油炸薯片、速冻薯条、膨化食品等，同时其还可深加工成果葡糖浆、柠檬酸、可生物降解塑料、黏合剂、增强剂及医药上的多种添加剂等。

马铃薯淀粉在世界市场上比玉米淀粉更有竞争力，马铃薯高产国家将大约总产量的 40% 用于淀粉加工，全世界淀粉产量的 25% 来自马铃薯。马铃薯淀粉与其他作物的淀粉相比，马铃薯淀粉糊化度高、糊化温度低、透明度好、黏结力强、拉伸性大。马铃薯变性淀粉在许多领域都有应用，如衍生物的加工、生产果葡糖浆、制取柠檬酸、生产可生物降解的塑料等。

据专家测算：马铃薯加工成普通淀粉可增值一倍，特种淀粉可增值十几倍，生产生物胶可增值 60 多倍，加工成油炸薯条、薯片、膨化食品可增值 5～10 倍。

（二）营养价值

据测定，每 100 克马铃薯中含蛋白质 1.6～2.1 克，脂肪 0.6 克，糖类 13.9～21.9 克，粗纤维 0.6～0.8 克，钾 1.06 毫克，钙 9.6 毫克，磷 52 毫克，铁 0.82 毫克，胡萝卜素 1.8 毫克，硫胺素 0.088 毫克，核黄素 0.026 毫克，尼克酸 0.36 毫克，抗坏血酸 15.8 毫克。马铃薯的营养成分丰富而齐全，其丰富的维生素 C（抗坏血酸）含量，远远超过粮食作物；其较高的蛋白质、糖类含量又大大超过一般蔬菜。马铃薯营养齐全，结构合理，尤其是蛋白质分子结构与人体的基本一致，极易被人体吸收利用，其吸收利用率几乎高达 100%。有营养学家研究指出："每餐只吃马铃薯和全脂牛奶就可获得人体所需要的全部营养元素"，可以说："马铃薯是接近全价的营养食物。"

但是，马铃薯中所含氧化酶和茄素等直接影响了马铃薯的加工和食用。氧化酶主要有过氧化酶、细胞色素氧化酶、酪氨酸酶、葡萄糖氧化酶、抗坏血酸氧化酶等，这些酶主要分布在马铃薯能发芽的部位。马铃薯在空气中的褐变就是其氧化底物绿原酚和酪氨酸在氧化酶的参与下发生的生化反应。茄素是一种含氮配糖体，很难溶于水，有剧毒。马铃薯的茄素含量以未成熟的块茎为多，占鲜重的 0.56%～1.08%。如果每 100 克鲜块茎中茄素含量达到了 20 毫克，食用后人体就会出现中毒症状。因此，在块茎发芽和表皮变绿时一定要把芽和芽眼挖掉，把绿色部分去除干净后才能食用。

（三）药用及保健价值

马铃薯不但营养价值高，而且还有较广泛的药用价值。我国中医学认为，马铃薯有和胃、健脾、益气的功效，可以预防和治疗多种疾病，还有解毒、消炎之功效。

1. 预防中风

马铃薯中含有丰富的 B 族维生素和优质纤维素，这在延缓人体衰老过程中有重要作用。马铃薯富含的膳食纤维、蔗糖有助于防治消化道癌症和控制血液中胆固醇的含量。马铃薯中富含钾，钾在人体中主要分布在细胞内，维持着细胞内的渗透压，参与能量代谢过程，因此经常吃马铃薯，可防止动脉粥样硬化，医学专家认为，每天吃一个马铃薯，能大大减少中风的危险。

2. 减肥

吃马铃薯不必担心脂肪过剩,因为它只含有 0.1% 的脂肪,每天多吃马铃薯可以减少脂肪的摄入,使多余的脂肪渐渐被身体代谢掉。近几年,意大利、西班牙、美国、加拿大、俄罗斯等国先后涌现出了一批风味独特的马铃薯食疗餐厅,以满足健美减肥人士的日常需求。

3. 养胃

中医认为,马铃薯能和胃调中、健脾益气,对治疗胃溃疡、习惯性便秘等疾病大有裨益,而且它还兼有解毒消炎的作用。

4. 降血压

马铃薯中含有降血压的成分,具有类似降压药的作用,能阻断血管紧张素Ⅰ转化为血管紧张素Ⅱ,并能使具有血管活性作用的血管紧张素Ⅱ的血浆水平下降,使周围血管舒张,血压下降。

5. 通便

马铃薯中的粗纤维,可以起到润肠通便的作用,从而避免便秘者用力憋气排便而导致血压的突然升高。

(四)工业价值

马铃薯具有较高的开发利用价值,除自身的营养价值和药用价值外,还通过深加工可以增值,使农民、企业和国家增加收入;马铃薯深加工产品(淀粉、全粉、变性淀粉及其衍生物)为食品、医药、化工、石油、纺织、造纸、农业、建材等行业提供了大量丰富的原材料；由于马铃薯自身分子结构的特点和特殊性能，其应用是其他类淀粉制品所无法替代的。

二、种植马铃薯的意义

由于马铃薯营养丰富，是粮菜兼用的食物，又是优质饲料，还是食品加工业及多种工业的原料，加上它本身有适应性很强、生育期短和抗灾能力强等优点，所以种植马铃薯，无论是在高寒贫困地区解决脱贫问题，还是在发达地区实现致富愿望，都具有非常重要的意义。

（一）可以发展农业经济

马铃薯种植面积比较大的地方，多数在海拔比较高、气候寒冷、无霜期较短和灾害性天气较多的区域。过去这些地方都欠发达，人们生活贫困，经常是一年收成不够半年粮。而马铃薯早熟，又耐自然灾害，喜欢冷凉天气，农民都管它叫"铁杆庄稼"，只要种上，就会多少都有收成，甚至在开花后就可以"取蛋"来糊口。当时种植马铃薯就是为了糊口，救灾救命，解决温饱。然而，在进入市场经济的今天，由于科学技术的提高，交通运输业的发展，加工业的兴起和人们的膳食结构由温饱型向营养型的转变，以及农民商品意识的增强，种植马铃薯已从为了填饱肚子，转移到获得更高的经济效益上来。目前，马铃薯已成为城市居民"菜篮子"里的主要蔬菜品种之一。在有马铃薯加工厂（如淀粉加工、粉条粉皮加工、油炸薯条薯片加工、全粉加工等）及有就地自行加工习惯的地方，可将种植的马铃薯，以供应原料薯或自行加工增值的方式，把当地的自然优势，转化成经济优势。在纬度高、海拔高、气温低并且交通便利的地方，可以选定市场上适销对路的品种，生产退化轻、种性好的优良种薯，再配备一定规模的脱毒设施，在专业技术人员的指导下，进行种薯生产，向没有种薯生产条件的马铃薯种植区域供种。这样，既为用种单位提供了服务，又为良种推广做出了贡献，同时也搞活了当地的经济。因此，种植马铃薯，不仅能填饱肚子，还能抓到票子。

（二）可以改善人们膳食的营养结构

马铃薯所含的矿物质中钾、钙、磷、铁等成分较多。还含有镁、硫、氯、硅、钠、硼、锰、锌、铜等人和动物必需的营养元素。同时，这些矿物质呈强碱性，所以马铃薯为碱性食品，可以中和酸性食品的酸度，保证人体内酸碱平衡。薯块内还含有 0.6% ~ 0.8% 的粗纤维，称为膳食纤维。脂肪含量较低，只有 0.2%，属低脂肪食品。这些营养物质中以钾、维生素 C、胡萝卜素等含量丰富，都高于小麦、水稻、玉米等粮食作物（表 1 - 1）。

在我国，随着经济的发展，人们的食品结构也发生了变化，开始注意到营养的搭配。随着对马铃薯营养价值的认识，人们逐渐改变了过去认为"只有穷人才吃马铃薯"的偏见。因此，无论在餐桌食品和快餐食品中，还是在休闲食品中，马铃薯都占有一定的位置。如今，它已经登上了大雅之堂。

表1－1　马铃薯和其他食品营养成分含量比较表（每100克的含量）

营养成分	鲜马铃薯块茎	马铃薯全粉	稻米平均	小麦标准粉	白玉米面	小米面
可食部分（克）	94	100	100	100	100	100
水分（克）	79.8	12	13.3	12.7	13.4	11.8
能量（千卡）	76	337	346	344	340	356
能量（千焦）	318	1 410	1 448	1 439	1 423	1 190
蛋白质（克）	2	7.2	7.4	11.2	8	7.2
脂肪（克）	0.2	0.5	0.8	1.5	4.5	2.1
碳水化合物（克）	17.2	77.4	77.9	73.6	73.1	77.7
膳食纤维（克）	0.7	1.4	0.7	2.1	6.2	0.7
灰分（克）	0.8	2.9	0.6	1	1	1.2
维生素A（毫克）	5	20	0	0	0	0
胡萝卜素（毫克）	30	120	0	0	0	0
维生素B_1（微克）	0.08	0.08	0.11	0.28	0.34	0.13
维生素B_2（毫克）	0.04	0.06	0.05	0.08	0.06	0.08
维生素B_5（毫克）	1.1	5.1	1.9	2	3	2.5
维生素C（毫克）	27	0	0	0	0	0
维生素E(T)（毫克）	0.34	0.28	0.46	1.8	6.89	0
α－E	0.08	0.28	0	1.59	0.94	0
(β-γ)－E	0.1	0	0	0	5.76	0
δ－E	0.16	0	0	0.21	0.19	0
钙（毫克）	8	171	13	31	12	40
磷（毫克）	40	123	110	188	187	159
钾（毫克）	342	1 075	103	190	276	129
钠（毫克）	2.7	4.7	3.8	3.1	0.5	6.2
镁（毫克）	23	27	34	50	111	57

续表

营养成分	鲜马铃薯块茎	马铃薯全粉	稻米平均	小麦标准粉	白玉米面	小米面
锌（毫克）	0.37	1.22	1.7	1.64	1.22	1.18
硒（毫克）	0.78	1.58	2.23	5.36	1.58	2.82
铜（毫克）	0.12	1.06	0.3	0.42	0.23	0.32
锰（毫克）	0.14	0.37	1.29	1.56	0.4	0.55
碘（毫克）	1.2	0	0	0	0	0

注：摘自《中国人如何吃马铃薯》

马铃薯的营养价值高，它除了供人作粮、菜食用外，还是最好的饲料，不仅薯块可以喂牲畜，茎叶还可做青贮饲料和青饲料。用它喂养畜禽，可以增加肉、蛋、奶的转化。据资料介绍：用50千克马铃薯薯块喂猪，可增肉2.5千克；喂奶牛可产奶40千克或奶油3.5千克。马铃薯制淀粉剩下的粉渣，也是很好的饲料。

（三）可以为能源安全提供原料保证

目前，能源问题也是世人非常关注的问题。地下的石油、天然气、煤炭贮藏量是一定的，若干年后经过人类的开采利用，总会有枯竭之时。所以，科学家提出了太阳能、风能、生物能及沼气等能源的利用。其中，生物能源多以水稻、玉米、小麦等粮食作原料生产燃料乙醇（酒精），这样做又严重地影响了粮食安全，所以国家已明令禁止用三大粮食作物生产燃料乙醇。因而薯类作物（马铃薯、甘薯、木薯）就成了生物能源作物的必选原料。薯类作物中甘薯、木薯产乙醇量虽比鲜马铃薯高（表1-2），但因气候限制它们的种植面积、产量，其发展前景都不如马铃薯。如果马铃薯单产达到 3 吨/亩（1 亩 = 0.0667 公顷），每亩马铃薯就可产乙醇 300 千克。

表 1 - 2　薯类及谷物类原料淀粉含量及每 100 千克原料乙醇产量

原料名称	淀粉（%）	粗蛋白质（%）	水分（%）	乙醇产量（千克/100 千克）
甘薯（鲜）	15 ~ 25	1.1 ~ 1.4	70 ~ 80	8.5 ~ 14.2
甘薯（干）	65 ~ 68	1.1 ~ 1.5	12 ~ 14	36.9 ~ 38.6
马铃薯（鲜）	12 ~ 20	1.8 ~ 5.5	70 ~ 80	6.8 ~ 11.4
马铃薯（干）	63 ~ 70	6 ~ 7.4	13	35.8 ~ 39.7
木薯（鲜）	27 ~ 33	1 ~ 1.5	70 ~ 71	15.3 ~ 18.7
木薯（干）	63 ~ 74	2 ~ 4	12 ~ 16	35.8 ~ 42.0
玉米（干）	65 ~ 66	8 ~ 9	12	36.9 ~ 37.5
大　米	65 ~ 72	7 ~ 9	11 ~ 13	36.9 ~ 40.9
小　麦	63 ~ 65	10 ~ 10.5	12 ~ 13	35.8 ~ 36.9

注：按每 100 千克淀粉生产 56.78 千克 100% 乙醇计算。摘自《中国人如何吃马铃薯》

从上述几点可以看出，种植马铃薯发展马铃薯产业，不仅有积极的现实意义，还有着长远的战略意义，显示出马铃薯产业是我国农业现代化中最有发展前景的产业。国务院领导在关于发展马铃薯的文件中曾批示"小土豆、大产业"。所以，我们更应充分认识马铃薯生产发展的重要意义，把马铃薯种植列入我国社会主义新农村建设的重要内容，把马铃薯产业做大、做强，加快我国农业现代化建设步伐。

第二节　马铃薯产业的现状与发展趋势

一、中国马铃薯产业的现状

到 2007 年，我国马铃薯种植面积达 470 多万公顷，已成为世界马铃薯第一大生产国，占世界种植面积的 25% 左右，占亚洲种植面积的 60% 左右。全国马铃薯总产量达到 7 500 多万吨，约占世界的 19%，亚洲的 70%。但目前，全国平均单产处于较低状态，而且各个地区之间生产水平差别较大，马铃薯单产的前五位依次为山东（29.8 吨/公顷）、新疆（28.9 吨/公顷）、安徽（26.8 吨/公顷）、吉林（22.1 吨/公顷）和广东（21.5 吨/公顷）。

在过去 20 年中，我国马铃薯种植面积和总产量一直呈稳定的上升趋势。种植面积从 1982 年的 245.4 万公顷增加到 2001 年的 471.9 万公顷；总产量从 1982 年的 2 382.5 万吨增加到 2001 年的 6 456.4 万吨，种植面积和总产量分别增加了 92.3% 和 171%。预计未来 10 年中，我国马铃薯种植面积仍将稳定增加，表现在二季作区早熟栽培面积应市场的需求而急速增加，南方冬作区在冬闲地上种植马铃薯和稻草覆盖种植马铃薯面积快速增加，同时，传统的北方一季作区和西南混作区，种植面积也将进一步扩大。原因在于，一是马铃薯的比较效益高于粮食、豆类、油料和棉花等主要大田农作物；二是马铃薯加工业快速发展的拉动作用；三是我国城乡居民马铃薯消费的增加，目前我国人均年马铃薯消费只有 15 千克，仅占世界平均水平的 50%；四是马铃薯出口贸易将会逐渐扩大。

二、马铃薯生产存在的问题

（一）品种选择不当

品种选择应根据栽培区域、种植目的、品种特性等进行选择。春秋二季作区及秋冬或冬春种植马铃薯，生长季节较短，一般选用早熟品种或结薯较早的中早熟品种；北方一季作区因为生长期长，选择范围广，早中晚熟品种均可以种植。如果进行早熟栽培及早供应市场或为南方及二季作区提供种薯的，应选择早熟品种或中早熟品种，获得满意的生产效果；搞商品薯生产、加工薯生产的，则可以选择中晚熟品种、适合加工的品种，可以使产量更高、品质更好、效益更好。根据品种特性选择适合的种植区域，一般经过省、国家审定的品种都经过区域试验，都有明确的适宜范围，按照品种的适宜范围进行种植，更能够发挥品种的优良性状，达到满意的生产效果。

（二）品种更换不及时

马铃薯生产采用块茎进行无性繁殖，在种植过程中易感病毒，当条件适合时，病毒就会在植株体内增殖，转运和积累于所结块茎中，这样世代传递，病毒危害逐年加重，最终失去种用价值。有些农户为了省事，自己留种，多年不更换，又不知道如何防止退化进行留种，马铃薯越种越小，产量也愈来愈低，所以"一年大，二年小，三年核桃枣"就是这种情况的真实写照。因此，建议农户及时换种，最好一季一换种，才能保持高产和优质。

（三）连作重茬严重

连年重茬，产量效益降低，病虫害加重，这在各个种植区域普遍存在。如郑州二季作区荥阳、上街等老土豆种植区连年重茬，投资加大，产量上不去，效益低，病虫害严重。应采取的措施有：①调整种植结构，避免重茬，一年种一季土豆，另一季可改种大白菜、胡萝卜、菜花等；②合理施肥，多施有机肥，少施化肥，注意氮磷钾配合施用，不要过量施用氮肥；如果没有有机肥或有机肥太少，可适当施用微量元素肥料与氮磷钾一同施用。

（四）防病治虫不及时，造成缺苗断垄

早春造成马铃薯缺苗断垄的原因主要是：①由晚疫病造成的种块腐烂；②土壤干旱缺墒，种块在干土层，导致苗子出不来；③地下害虫将幼苗近地面的茎部咬断，使整株死亡，造成缺苗断垄。应采取的措施有：①播前对种薯进行严格挑选，剔除病薯，然后用25%瑞毒霉1 000倍液浸种5分钟捞出晾干切块催芽；②播前灌水，然后播种，播后天气干旱缺墒时应小水勤浇，不要漫灌；③在整地、播种、出苗时及时防治地下虫。

（五）播种深度不够

马铃薯的播种深度是影响出苗早晚、全苗壮苗的关键因素。播种的深度要根据种薯的生理年龄、种薯大小、土壤温度和湿度、土壤的质地等多种因素确定。播种浅，如果露地栽培可以结合中耕进行多次培土，以便薯块膨大，不露出地面，不产生绿皮薯。在春季干旱地区播种浅，可以造成不出苗。地膜覆盖播种浅，则生长期培不上土，薯块膨大露出地面，则会产生绿皮薯，造成品质低劣。

（六）田间管理不及时

马铃薯出苗后田间管理主要是中耕培土、追肥浇水，为马铃薯生长创造合适的环境条件。田间管理不及时，该中耕不中耕，该追肥不追肥，该浇水不浇水，该培土不培土，播种过后就等着收获，错过管理时期，造成苗子弱小，覆土浅，匍匐茎窜出地面变成苗子不膨大结薯或薯块膨大露出地面，形成绿皮薯，都会严重影响产量和品质。

（七）氮肥使用过多，有机肥缺乏

二季作区的农民科技意识增强，在生产中对品种选择及肥料投入非常重视，但由于有机肥缺乏，过多使用氮肥，造成施肥不合理不科学，投入产出比小，事倍功半。根据试验，每生产 2 500 千克马铃薯需钾 27.5 千克、氮 11.2 千克、磷 5.1 千克，氮磷钾的比例大体上是 2∶1∶4。由于马铃薯生长期、发育期短，前期、中期的吸肥量占总需量的 75%，因此，应重施底肥，基肥占总施肥量的 3/4，按每亩产量 2 500 千克折算，每亩需尿素 25 千克或碳铵 66 千克、过磷酸钙 34 千克、硫酸钾 55 千克。由于土壤中本身所含氮磷钾及施用有机肥所含的氮磷钾，所以实际施用的化肥量会更少。据试验地试验，每亩施 3 立方米鸡粪追施碳铵

40~50 千克、尿素 15~20 千克、硫酸钾 20~25 千克，即能达到 2 000~2 500 千克产量。施化肥过多，会使下部根烧死，上部发新根，植株黑绿不往上长，叶片浓绿，浇水后下部叶片萎蔫，主要是土壤溶液浓度过大，从植株体内夺取水分达到平衡状态。需采取的措施是勤浇水、多浇几次水稀释土壤溶液浓度，促进植物吸收。

（八）投入不够

在一些偏远的地区，由于经济原因和交通不便，在马铃薯生产上投入明显不足。这体现在农民多年不更换种薯，而采用自留种薯进行种植；种植马铃薯不施肥料，连年生产，使土壤恶化、瘠薄。因此，这会造成马铃薯产量偏低，薯块偏小，质量不高，效益不好等。

（九）生长调节剂使用不当

（1）过量喷施多效唑，对下茬马铃薯造成危害。多效唑（PP_{333}）是一种生长抑制剂，残效期较长，在土地中有效期可达 5 年以上，适量喷施可抑制马铃薯秧子徒长，培育壮苗；过量喷施，残留在土壤中，可对后几年的马铃薯生产产生副作用。尤其是早春季节，温度较低，马铃薯生长缓慢，再加上多效唑的影响，使苗子黑绿、茎粗短，叶片不少但不往上长。对此情况可采取以下措施：①合理使用多效唑，在植株将要封垄时，如有徒长现象，喷施多效唑抑制地上部生长。②叶面喷施 30~50 毫升/千克赤霉素（九二〇）溶液，如用有效含量为 85% 的九二〇一包（1克）对 40 千克水即可，依苗子长势可喷 1~2 次，缓解多效唑的抑制作用，促使苗子生长，及时封垄，争取高产。
③对马铃薯秧子徒长可采用缩节安抑制。

（2）赤霉素施用不当或浓度过高，造成苗子细弱，重者薯块变形。二季作区用北方一季作区供应的种薯进行春季生产，一般不需要赤霉素浸种。因为北方收获的种薯早，在8~9月份已经收获，休眠期已经度过，只要温度、湿度等条件达到即可出芽，所以经过暖种或催芽即可播种。二季作区秋季生产的种薯，在11月中旬才收获，在早春进行早熟栽培，如地膜覆盖、拱棚、双膜种植时，则需要赤霉素浸种催芽，才能打破休眠，及时出芽，进行生产。赤霉素对薯块浸种非常敏感，必须按照一定的比例进行配制溶液，进行浸种，时间也必须严格控制。整薯与切块浸种浓度差异很大，要严格掌握。浓度大、浸种时间长都会造成苗子细弱，影响产量。

（十）收获不适时

二季作区6~7月份温度高，湿度大，如果春季种植的马铃薯收获得晚，由于薯块成熟度高，遇到阴雨天，薯块会烂在土壤里，造成绝收。11月份温度逐渐下降，地里会上冻，有时会下雪，秋薯收获的晚，很容易受冻，失去商品和种用价值。一季作区收获的晚，更容易受冻。

三、马铃薯生产的发展趋势和市场前景

马铃薯营养丰富，富含维生素C和B族类维生素，以及钙、钾、铁等矿物质元素，其所含蛋白质质量仅次于六

豆，极适合人体消化利用，许多国家把马铃薯当作主要粮食，有"第二面包"之称。根据联合国粮农组织和国际马铃薯中心的报告表明，过去 30 年发展中国家的马铃薯生产比其他粮食作物（除小麦）增长都快，平均年增长 3.6%。我国马铃薯种植总面积和总产量均占世界第一位，是世界马铃薯生产大国之一，1999 年总产量占发展中国家的 60%，同时占世界产量的 20%。在未来的发展中，中国马铃薯产业将有着广阔的前景。

（一）马铃薯生产的发展趋势

1. 种植面积将进一步增加

在过去的 20 年中，由于马铃薯种植效益高，在加工业的带动下，中国马铃薯种植面积一直呈上升趋势，从 1982 年的 245.5 万公顷增加到 2001 年的 471.9 万公顷。种植面积增加较快的有黑龙江、云南和山东等省。在未来的几年中，我国马铃薯种植面积估计在东北、西北、西南及中原二季作区和南方冬季作区以及内蒙古自治区都会有大幅度增加。到 2010 年全国种植面积已突破 600 万公顷，中国无可争议地成为亚太地区最主要的马铃薯生产中心。

2. 单产和总产将有进一步提高

据专家估计，马铃薯的理论产量为 120 吨/公顷，说明其增产潜力巨大。在过去的 10 年间，我国马铃薯单产由 1982 年的 9.7 吨/公顷，增加到 2001 年的 13.7 吨/公顷，其增长率达到了 41.2%。而同期种植面积增加了 92.3%，总产量增加了171%。目前，全国通过推广新品种和配套的高效栽培技术，加上种植者科技意识的提高和脱毒种薯的大面积推广应用，其种植水平和种植技术有了显著提高。到2010年，单产达到30吨/公顷，按种植面积600万公顷计算，我国马铃薯产量将达到1.8亿吨。

3. 品种将呈现多样化

随着食品加工业的发展和研究方向的调整，不同用途的品种将全面上市，尤其是加工型品种将会更加丰富，能够满足各种加工需求，如高淀粉品种，炸条、炸片品种，菜用品种、食用品种和特殊用途的品种，等等。今后几年，这些品种将陆续运用到生产实践中。

4. 脱毒种薯和新技术将会被普遍采用

脱毒种薯的种植面积将由目前的20%～30%增加到80%，特别是以微型薯和试管薯为特色的种薯生产体系和检测体系将建立起来，同时，与脱毒种薯相适应的高产栽培技术也将被普遍采用，从而为产量的大幅度提高提供技术支持。

（二）马铃薯市场的发展趋势

马铃薯是我国的主要农作物之一，其产品的市场开发潜力大。马铃薯产业不仅有国内的商品薯市场、种薯市场、加工原料市场，而且还有广阔的国际市场。目前，马铃薯需求量不断上升，特别是鲜食出口和加工原料薯市场不断扩大。从近几年的发展趋势看，马铃薯产品市场需求正处于日益增长阶段。

1. 鲜薯出口和鲜薯食用市场

马铃薯在欧、美人均年消费量为80.58千克，中国人均年消费量仅为11.7千克，主要作为鲜薯食用，约占总量的55%。我国鲜薯出口市场也比较大，主要出口东南亚周边国家和地区，一年四季均有供货需求，以薯形好、表皮光滑、芽眼浅、黄皮黄肉或红皮黄肉的品种为主。目前，我国向蒙古和独联体国家的马铃薯出口量也正在逐步增长。

2. 马铃薯加工市场

随着经济发展，我国居民的食物消费结构正在发生巨大变化，快餐和休闲类食品的消费将会出现巨大的增长，马铃薯许多新的用途正被开发。

（1）淀粉加工。目前发达国家每年人均精淀粉消费20~25千克，而我国人均仅有0.5千克。我国马铃薯精淀粉需求量每年在35万~40万吨，并有逐年增加的趋势。但目前我国马铃薯精淀粉年生产量仅有10万吨，且真正在质量上达到国际标准的更少。如果把精淀粉进一步转化成变性淀粉，其市场需求量将会更大。

（2）薯片和薯条加工。随着中国经济的发展和西式快餐店在中国的扩张，人们更容易接受薯片和薯条这一休闲食品。一些海外薯片加工企业看中了中国这个潜力巨大的市场，纷纷在中国投资开厂。目前，我国的薯片加工厂已发展到几十家，薯条加工厂也陆续出现，但供应中国麦当劳和肯德基快餐店的速冻薯条大部分是进口的，到2002

年，速冻薯条的进口量超过了 10 万吨。按国家统计局的资料，2000 年中国城市人口为 4.56 亿，如果人均消费薯条0.5 千克，则每年需要速冻薯条 22.8 万吨，如果加上农村消费者，数量将更大。因此，薯片和薯条加工市场还有很大的发展空间。

（3）全粉加工。在国外，以全粉为主要原料的各种食品，特别是婴儿食品种类繁多，而目前我国这类食品加工几乎还是一片空白。随着以全粉为原料的加工食品的增加，全粉的用量将逐步增加。在今后的几年中，人们对全粉的认识和接受能力将得到提高，全粉消费量将有进一步增加的趋势。

3. 种薯市场

随着鲜食出口及鲜食食用和加工原料薯市场的不断扩大，势必要带动和刺激种薯市场的发展，种薯需求量将会大幅度增加。同时，脱毒种薯或微型薯将会逐步取代常规种薯，而且种薯的质量也会进一步提高。由于在中国生产种薯的成本低于欧美国家的生产成本，中国种薯在国际市场上会存在一定的优势，可望向临近的东南亚国家出口种薯。另外，在经济全球化影响下，中国种薯生产将逐步向世界先进国家看齐，各种规章制度和行业标准逐步出台，种薯生产和种薯经营将逐步走向规范化。

（三）市场对品种的需求趋势

我国马铃薯品种相对单一，长期以来育种的指导思想主要以追求高产稳产为目标，所育成的品种存在干物质含量低、薯形不规则、芽眼较深、表皮不够光滑等缺陷，只能以鲜食为主，难以适应加工企业的需要。因此，我国各类优质专用型品种严重缺乏，特别是适合生产马铃薯全粉及炸片、炸条的品种，这样就造成了品种选育同加工需要相脱节，品种类型与目前市场需要相脱节。小生产与大市场矛盾突出的局面，将严重阻碍马铃薯生产的进一步发展。

1. 鲜薯出口和鲜薯食用市场对品种的需求趋势

马铃薯出口标准为：薯形椭圆、表皮光滑、黄皮黄肉、芽眼浅、薯块整齐、干净，单重在 50 克以上，无霉烂，无损伤等。随着人们生活水平的提高，马铃薯鲜薯出口和鲜薯食用市场不断扩大，对相应品种的要求也越来越高，除了满足出口标准外，还要求干物质含量中等、高维生素 C 含量、粗蛋白质含量 2% 以上，炒食和蒸煮风味、口感好，耐贮运。

2. 加工市场对品种的需求趋势

我国马铃薯的食品加工和淀粉、全粉等工业已开始起步，并呈快速发展趋势，已建立了大批的生产加工企业和出口创汇基地。随着食品加工业的发展和研究方向的调整，不同用途的品种将全面上市。

（1）淀粉加工。任何马铃薯品种都可用于淀粉加工，但用不同淀粉含量的马铃薯做原料时，淀粉加工成本差异很大。作为高淀粉品种，其淀粉含量一般应在 18% 以上，而且产量不能低于当地一般品种。目前，国内淀粉含量在 18% 以上的马铃薯品种不少，但淀粉含量和单位面积产量稳定的品种不多。今后随着马铃薯淀粉加工业的发展，对高淀粉马铃薯品种的需求越来越迫切，高淀粉品种的马铃薯种植面积也将逐年扩大。

（2）薯片和薯条加工。并非所有的马铃薯品种都能用于炸片和炸条加工。用于炸片和炸条的品种的要求是：还原糖含量较低、一般在 0.25% 以下，耐低温贮藏，比重为 1.085~1.1。炸片要求薯块形状为圆形或近似圆形，白皮白肉，炸条要求薯块长椭圆形或长圆形，白皮白肉。目前我国没有育成成熟的适于炸片和炸条的加工专用型品种，国外的炸片加工品种大西洋、炸条加工品种夏坡蒂等已引入我国种植。但大西洋不抗晚疫病和易出现空心；夏坡蒂容易退化，不抗晚疫病、不耐瘠薄。两个品种既不高产又难稳产，农户的种植积极性较低。过去我国的马铃薯育种目标是以高产、稳产、抗病为主，所以，适于炸片和炸条加工的品种比较缺乏。目前国内一些育种单位已经有了可用于炸条和炸片的高代品系，估计在不久的将来，国内会出现育成的炸片和炸条品种，并且将会得到大面积种植和推广，同时我国的薯片和薯条加工产业将会迅猛发展。

（3）全粉加工。适于马铃薯薯片和薯条加工的品种是完全可以进行全粉生产的，而且对块茎形态与大小的要求没有炸片和炸条严格。目前国内炸片、炸条原料薯尚未完全解决，没有多余的原料用作全粉生产，这是造成我国全粉质量低于国外同类产品的主要原因之一。随着一些加工厂的陆续开工生产，全粉的生产能力逐步增加，可能增加到2万~3万吨/年。与此同时，对原料薯的要求也将不断提高。今后将筛选出全粉加工的专用型品种，并建立一套完善的栽培管理体系。

3. 种薯市场与品种的需求趋势相适应

优质种薯是保证马铃薯产量和质量的关键，也是向鲜薯出口和鲜薯食用及加工市场提供原料薯的基础。因此，种薯市场的发展必须与鲜薯出口和鲜薯食用市场及加工市场的发展相适应。随着马铃薯各种加工食品，炸片、炸条，膨化食品，全粉等生产量的不断增加，急需适于加工的品种及其大量原料薯，同时对原料薯的要求也越来越严格。为了满足加工市场对品种的需求，其种薯市场的品种势必会越来越多样化，不仅有普通的马铃薯种薯，还应具备各种类型的加工专用型品种，如高淀粉品种，炸片、炸条品种和全粉品种等。

第二章 马铃薯的生物学特性

第一节 马铃薯的形态结构

马铃薯植株是由地上和地下两大部分组成的。地下部分有根、匍匐茎和块茎;地上部分有茎、叶、花、果实及种子(见图2-1)。这些器官均是人们鉴别品种、诊断植株生长及采取相应栽培技术措施的重要依据。如缺素、病害、冻害等均会在叶片上反映出特殊的标志。

一、根

马铃薯用种子繁殖的实生苗,其根系是圆锥形的,有明显的主根和侧根之分。但用块茎繁育成的植株,却只有须根,而无主根。须根是在块茎萌发后待芽长到3~4厘米时从芽基部萌发出来的,此根称为初生根或芽眼根。初生根首先水平生长30厘米左右,再垂直向下生长,深可达60~70厘

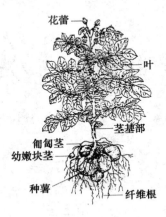

图2-1 马铃薯植株

米。随着芽的伸长，在近地面芽的叶节上即会发生匍匐茎，围绕匍匐茎还会发生少数长约 20 厘米的根，称为匍匐根或水平根（见图2-2），匍匐根一般都是水平生长的。经解剖观察，马铃薯的根起源：于芽内，是由维管系统附近的初生韧皮部薄壁细胞的分裂活动所产生的。如果芽组织老化，则更要深入到较内部的维管形成层附近才能发生根。由于马铃薯根发生的内生性，发根较迟，因此，发芽时间则较长。所以，利用稻草覆盖种植马铃薯时须根据根系分布状况确定播种密度，这样才能获得高产。

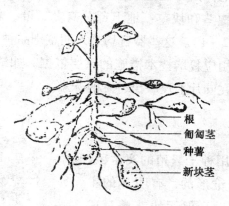

根
匍匐茎
种薯
新块茎

图2-2 马铃薯结薯图

二、茎

马铃薯的茎分为地上茎、地下茎两种。

（一）地上茎

是块茎芽眼向地面上抽出的枝茎，近棱形，一般为绿色，有些品种呈紫色。生长前期直立，生长后期因不同品种而异，有直立的，也有半直立或匍匐的，茎高50～100厘米，分枝4～8个。早熟品种茎较细小，节间短，分枝少，分枝位置高。茎的粗细，有无茸毛等均是区分品种的标志之一。

（二）地下茎

包括匍匐茎和块茎。匍匐茎是地下主茎节腋芽所发生的侧枝，具有背光、向地性，略呈水平方向分布在耕层中，长3～33厘米，茎部节间稍长，顶端节间缩短，积累大量的养分，膨大成块茎。匍匐茎的顶端大部分能结薯（即为人们食用的薯块），块茎接近地下茎部分叫做脐部，另一端叫顶部（图2－3）。块茎形

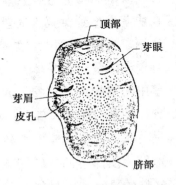

图2－3 马铃薯的块茎

状有圆、卵圆、扁圆和长筒形等。皮有白、红、黄、紫等颜色。表皮上有许多皮孔，空气可从皮孔穿入块茎进行呼吸。块茎肉多为白、黄或粉红色。皮肉的色泽也是区分品种的标志之一。块茎上有鳞片小叶，但早期即会枯萎脱落，留下的叶痕称为芽眉。芽眉内生有芽，形如眼，称为芽眼，实际上就是退化叶的腋芽。每个芽眼有一个主芽和三个以上副芽。通常主芽萌发，副芽休眠。待主芽被破坏后，副芽即开始萌发，利用这个原理，可充分利用副芽，加速新品种的繁育。在一个块茎上，一般是顶部芽先萌发且较粗壮，叫做顶芽优势。芽眼在块茎上一般是上部分密、下部

疏，呈螺旋形排列。在一般情况下，离顶部越近的芽眼，发芽能力越强，顶端优势也越明显。利用稻草覆盖种植马铃薯时，采取整薯播种或用从薯顶至薯尾纵切的薯块进行播种，可充分利用块茎的顶端优势，达到提早出苗的目的。

　　块茎的构造与地上茎相似（见图2-4）。外层是表皮，在块茎生长到黄豆大时就脱落，代之的称为周皮，起保护作用。其内是皮层，维管束环和髓部。皮层呈狭带状，内含单宁、蛋白结晶体及淀粉等。维管束环呈管状，与匍匐茎中的维管束相连接，并通到各芽眼。髓分内、外髓两部分，外髓占块茎大部分，淀粉含量较多；内髓在块茎中心，呈芒状，含水量较多。利用稻草覆盖种植马铃薯应选用薯形好，顶部不凹，脐部不陷，芽眼少而浅，表皮光滑，色泽好的早熟和中早熟品种。这样才能生产出质量较好的商品薯，增加经济收益。

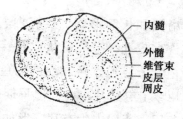

图2-4　马铃薯块茎的横切面

三、叶

　　马铃薯最先出土的叶均是单叶，呈心脏形或倒心脏形，色较绿，全缘，叫初生叶。随着植株生长逐渐发生的叶为

奇数羽状复叶。复叶顶端叶片单生，叶顶生小叶，其下是
3～7对侧生小叶，小叶柄和小叶之间还生有大小不等的次
生裂片叶。叶互生在茎上，呈螺旋状排列（见图2－5）。大
部分品种的主茎叶由两个叶环，即16个复叶组成，再加上
顶部的两个侧枝上的复叶构成马铃薯的主要同化系统。

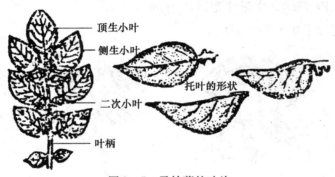

图2－5　马铃薯的叶片

　　叶片表面密生茸毛，一种披针形，一种顶部头状。均
具有收集空气中水汽的效应，有些品种还具有抗害虫的作
用。在复叶叶柄基部与主茎相连接处左右两侧着生的一对
裂片叶叫托叶，为镰刀形、小叶形或中间形。不同品种叶
的形状均有差异，如小叶的形状、大小、对数和排列的疏
密，小叶与叶轴所成的角度，叶面茸毛多少，叶面光滑与
皱褶程度，叶柄长短等均是鉴别品种的主要依据。

四、花

　　马铃薯的花由5瓣连结，形成轮状花冠，为聚伞花序
（图2－6）。花内有5个雄蕊，一个雌蕊，每朵小花有一个

花柄着生在花序上。有些因花柄分枝缩短着生在同一点上。在花柄的中上部常有一圈明显的凸起，叫做离层环，是花果脱落时发生离层的地方。花冠有白、黄、淡红、紫红和紫蓝等颜色。花药聚生成熟时由顶部小孔散发出花粉，多数无受精能力，不能天然结实。一般每个花序持续时间为15~40天，每朵花开花时间持续约5天，于上午8时左右开花，下午5时左右闭花。

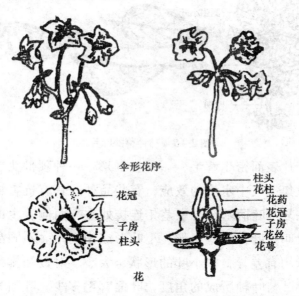

伞形花序

花

图2-6 马铃薯的花

早熟品种花期较短，中迟熟品种则花期较长。在早熟品种第一花序盛开，中迟熟品种第二花序开放时正好是地下块茎开始膨大的始期。生产上可依此作为马铃薯进入结薯期的重要形态指标。

五、果实和种子

马铃薯的果实、块茎、幼芽、表皮及茎叶中均含有一种有毒的植物碱（龙葵素），因此直接用绿薯、茎叶饲喂家畜（尤其是幼畜）极容易引起中毒死亡，已发芽的块茎龙葵素含量亦较高，所以一般不宜食用。

马铃薯果实为球形或椭圆形浆果（图2－7）。果实褐色或紫绿色带紫斑。二室，每果含种子80～300粒，种子小而扁平，卵圆形，千粒重0.4～0.6克。新鲜时为淡黄色，贮藏后转为暗灰色。种子有休眠期，当年发芽率极低，熟后发芽率可达60%以上。

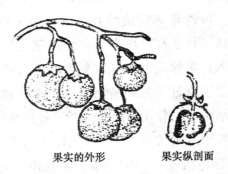

果实的外形　　　　　果实纵剖面

图2－7　马铃薯果实

第二节　马铃薯生长发育特性

马铃薯物种经历了长期野生和驯化历史，并在人类培育、繁育和栽培过程中，逐步产生了一些对环境条件的适应能力，形成了它独有的特性和生长规律。了解并掌握其生长发育特性与规律，因地制宜地创造有利条件，满足它的生长需要，才能达到马铃薯增产增收的种植目的。

一、喜凉特性

马铃薯植株的生长及块茎的膨大，有喜欢冷凉的特性。马铃薯的原产地南美洲安第斯山高山区，年平均气温为 5～10℃，最高月平均气温在 21℃左右，所以，马铃薯植株和块茎在生物学上就形成了只有在冷凉气候条件下才能很好生长的自然特性。特别是在结薯期，叶片中经光合作用制造的有机营养，只有在夜间温度低的情况下才能输送到块茎里。因此，马铃薯非常适合在高寒、冷凉的地带种植。北方一季作区，处于高纬度地区，无霜期短，适合夏季生长，春播秋收；中原二季作区，夏季气候炎热，不适于马铃薯生长，为了躲过炎热的高温夏季，实行春、秋两季栽培，一年栽培两季；南方冬作区，属于海洋性气候，夏长、冬暖，栽培季节主要为冬季；西南单、双季混作区，高寒山区，多为春种秋收，一年一季，在低山、河谷或盆地，气温高，无霜期长，春早、夏长、冬暖，适宜两季栽培。我国马铃薯的主产区大多分布在东北、华北北部、西北和西南高山区。虽然经人工驯化、培养，选育出早熟、中熟、晚熟等不同生育期的马铃薯品种，但在南方气温较高的地方，仍然要选择气温适宜的季节种植马铃薯，不然也不会有理想的收成。

二、分枝特性

马铃薯的地上茎和地下茎、匍匐茎、块茎都有分枝的能力。地上茎分枝长成枝杈，不同品种马铃薯的分枝多少和早晚不一样，一般早熟品种分枝晚，分枝数少，而且大多是上部分枝；晚熟品种分枝早，分枝数量多，大多为下部分枝。地下茎的分枝，在地下的环境中形成了匍匐茎，其尖端膨大就长成了块茎。匍匐茎的节上有时也长出分枝，只不过它尖端结的块茎不如原匍匐茎结的块茎大。块茎在生长过程中，如果遇到特殊情况，它的分枝就形成了畸形的薯块。上一年收获的块茎，在下一年种植时，从芽眼长出新植株，这也是由茎分枝的特性所决定的。如果没有这一特性，利用块茎进行无性繁殖就不可能了。另外，地上的分枝也能长成块茎。当地下茎的输导组织（筛管）受到破坏时，叶子制造的有机营养向下输送受到阻碍，就会把营养贮存在地上茎基部的小分枝里，逐渐膨大成为小块茎，呈绿色，一般是几个或十几个堆簇在一起，这种小块茎叫做气生薯，不能食用。

三、再生特性

如果把马铃薯的主茎或分枝从植株上取下来，给它一定的条件，满足它对水分、温度和空气的要求，下部节上就能长出新根（实际是不定根），上部节的腋芽也能长成新的植株。如果植株地上茎的上部遭到破坏，其下部很快就能从叶腋长出新的枝条，来接替被损坏部分的制造营养和上下输送营养的功能，使下部薯块继续生长。马铃薯对雹灾和冻害的抵御能力强的原因，就是它具有很强的再生特性。在生产和科研上可利用这一特性，进行"育芽掰苗移栽"、"剪枝扦插"和"压蔓"等来扩大繁殖倍数，加快新品种的推广速度。特别是近年来，在种薯生产上普遍应用的茎尖组织培养生产脱毒种薯的新技术，仅用非常小的一小点茎尖组织，就能培育成脱毒苗。脱毒苗的切段扩繁，微型薯生产中的剪顶扦插等，都大大加快了繁殖速度，收到了明显的经济效益。

四、休眠特性

新收获的马铃薯块茎，如果放在最适宜的发芽条件下，即20℃的温度、90%的湿度、20%的氧气浓度环境中，几十天也不会发芽，如同睡觉休息一样，这种现象叫做块茎的休眠。这是马铃薯在发育过程中，为抵御不良环境而形成的一种适应性。休眠的块茎，呼吸微弱，维持着最低的生命活动，经过一定的贮藏时间，"睡醒"了才能发芽。马铃薯从收获到萌芽所经历的时间叫做休眠期。

休眠期的长短和品种有很大关系。有的品种休眠期很短，有的品种休眠期很长。在同样的20℃的贮存条件下，郑薯2号、丰收白等休眠期为45天，克新4号、虎头等品种的休眠期是60~90天，晋薯2号、克新1号、高原7号等品种的休眠期则要90天以上。一般早熟品种比晚熟品种休眠时间长。同一品种，如果贮藏条件不同，则休眠期长短也不一样，即贮藏温度高的休眠期缩短，贮藏温度低的休眠期会延长。另外，由于块茎的成熟度不同，块茎休眠期的长短也有很大的差别。幼嫩块茎的休眠期比完全成熟块茎的休眠期长，微型种薯比同一品种的大种薯休眠期长。

　　块茎在适宜发芽的环境里不发芽，这种休眠叫做自然休眠或生理休眠。当块茎已经通过休眠期，但不给它提供发芽条件，因而不能发芽。这种受到抑制而不能发芽的休眠，叫做被迫休眠或强制休眠。如果贮藏温度始终保持在 $2 \sim 4 \text{℃}$，就可以使马铃薯块茎长期保持休眠状态。

　　在块茎的自然休眠期中，根据需要可以用物理或化学的人工方法打破休眠，让它提前发芽。休眠期长的品种，它的休眠一般不易打破，称为深休眠；休眠期短的品种，它的休眠容易打破，叫做浅休眠。

　　块茎的休眠特性，在马铃薯的生产、贮藏和利用上，都有着重要的作用。在用块茎作种薯时，它的休眠解除程度，直接影响田间出苗的早晚、出苗率、整齐度、苗势及马铃薯的产量。种薯通过休眠后才能播种。马铃薯可以用赤霉素打破休眠，提高贮藏温度、切块、切伤顶芽、用清水多次漂洗切块等也都可以解除休眠。贮藏马铃薯块茎时，要根据所贮品种休眠期的长短，安排贮藏时间和控制窖温，防止块茎在贮藏过程中过早发芽，而损害使用价值。

　　如果块茎需要做较长时间和较高温度的贮藏，则可以采取一些有效的抑芽措施。比如，施用抑芽剂等，防止块

茎发芽，减少块茎的水分和养分损耗，以保持块茎的良好
商品性状。

五、块茎的形成与产量

马铃薯植株在地上茎开始出现分枝时，地下茎也相应
长出匍匐茎。多数品种在现蕾期块茎开始膨大。块茎是马
铃薯植株的养分贮藏库。块茎不断膨大和增重，是表示植
株的生产能力和品种的重要特征。通常马铃薯到了开花盛
期，叶面积最大，制造养分的能力最强，所以开花后 20 天
左右块茎增长的速度最快。养分积累的高峰期，每亩马铃
薯一昼夜能增长块茎重量 100 千克左右。而后随着地上部
茎叶的逐渐衰退，输入块茎的养分也相应减少，一直到茎
叶完全枯死，块茎才停止增长。此时块茎皮层加厚，进入
休眠期。成熟的块茎表皮富有弹性，不易擦伤；幼嫩的块
茎表皮易损伤。所以种薯提前收获时，最好先割去薯秧，
使块茎留在土内 10 天左右，以便促使其表皮组织木栓化。

马铃薯块茎的膨大与浆果的形成，在养分分配上是有
矛盾的，因为浆果的生长和块茎的膨大基本上是同期进行
的。一般植株上浆果越多，对块茎产量影响越大，如果不
是为了采收种子，应对开花茂盛、结浆果多的品种及时摘
花、摘蕾，以免浆果与块茎争夺养分。浆果影响块茎产量，
少者减产 5% ~ 10%，多者可达 20% 以上。但是马铃薯品种
间开花结果的情况差异很大，有的品种不开花，有的开花
不结果，有的开花后只个别植株偶尔结少量浆果，在这种

情况下就不宜摘蕾、摘花，否则得不偿失。

马铃薯块茎增长和植株的生长，在茎叶生长量（干物质）未达到高峰之前，两者的生长速度都很快，植株茎叶生长量达到高峰之后，块茎仍在迅速增长，而茎叶干物质重则逐渐下降。这是植株中养分向块茎中转移的结果。所以，到成熟期块茎的干物质重一般都大于茎叶的干物质重。

第三节　马铃薯的生长阶段和时期

因为马铃薯不同的生长阶段具有不同的生长特点和规律，对栽培条件也有不同的要求，只有了解马铃薯的生长阶段及生长规律，才能有针对性地实施高产高效的增产技术措施。

以生产中使用的无性繁殖方法为根据，综合多位专家关于马铃薯生长阶段的划分方法，其植株生长阶段为发芽期（也称芽条生长期）、幼苗期、发棵期（也称块茎形成期）、块茎膨大期（也称块茎增长期、结薯期）、干物质积累期（也称淀粉积累期）、成熟收获期。其生长速度在发芽期、幼苗期生长缓慢，而在发棵期、块茎增长期生长速度很快，然后干物质积累期至成熟期生长速度又放缓慢。其总的生长速度呈"慢－快－慢"的规律。对水分、营养物质的吸收速度，也形成"慢－快－慢"的态势。

一、发芽期

发芽期也叫芽条生长期。从播种开始（或芽块萌发开始）到幼苗出土为止。根据地温高低出苗快慢不同，历时 10～40 天。一般一季作区及二季作区早春播种地温较低，需 25～40 天，而二季作区夏、秋播气温较高，10～15 天就可以出苗，其发芽期就很短。

芽块萌发形成的幼芽，顶部是生长点，外边是胚叶。幼芽节间不断伸长，成为芽条，逐步长成地下茎，一般有 6～8 个节。随着幼芽的生长，根和匍匐茎的原基在幼茎基部开始发育。当幼茎长出 3～4 节时，在节处就长出了初生根（也叫芽眼根），初生根的生长速度比幼芽快，在没出苗前就形成了小的根群，在芽块供应水分、养分的同时根也能吸收水分和养分，为幼芽生长创造更好的条件。这个阶段重点是根系的形成和芽条的生长，同时进行着叶、侧枝、花原基等的分化，因此这个时期非常重要，是扎根、壮苗、结薯的基础。

幼芽或芽条生长得是否健壮、根系是否发达、出苗快慢，其内在因素是种薯质量，使用优良品种，并且是早代脱毒种薯，其生命力强，就可以达到苗齐、苗全、苗壮的目标，特别是使用小整薯播种，借助顶芽优势，效果会更好。其外因是土壤温度、含水量、营养供应、空气等方面。如果地温在 10～12℃，湿度在土壤最大持水量 60% 左右（含水量 16% 左右），通气良好，营养充足，发芽期就短，幼芽或芽条就能健壮而且出苗早。在营养方面主要是吸收速效磷，如果速效磷供应充足，有促进发芽出苗的作用。

二、幼苗期

幼苗期，从出苗到植株现蕾为止，称为幼苗期，历时15~25天，早熟品种天数短一点，晚熟品种天数多一点。

马铃薯幼苗期是以茎叶生长和根系发育为重点，匍匐茎的形成伸长也同时而来，还进行花芽和部分茎叶的分化。这个时期幼苗靠自己吸收的水分和营养物质来生长，同时种薯内还有部分营养补给植株，所以叶片生长很快，出苗5~6天，就有4~6片叶展开。根系继续向深向广发展，须根的分枝开始发生，吸收水分和营养的能力逐步增强。匍匐茎在出苗的同时或出苗不久就有发生。当地上茎主茎出现1~13个叶片时，主茎生长点上开始孕育花蕾，匍匐茎顶端停止伸长，将开始膨大形成块茎，这就说明幼苗期即将结束，发棵期也就是块茎形成期即将开始。

此期虽然发育较快，但茎叶总的生长量并不大，对水肥要求也不大，只占全生育期需水肥的15%左右。但此期对水肥需求特别敏感，除了要有足够的氮肥外，还要有适宜的土壤温度和良好的透气条件。如果缺氮素，茎叶生长就会受到影响，缺磷和缺水会直接影响根系的发育和匍匐茎的形成，所以这个时期要注意早浇水、早追肥，采取措施提温保墒，增加土壤通透能力，促进壮苗的形成。此阶段气温应在15℃以上，土壤田间持水量要保持在60%~70%，含水量为16%~17%，有利于根系的发育和光合效率的发挥。

三、发棵期

发棵期也叫块茎形成期。从现蕾开始至开花为止，也就是从出苗算起第 25 天左右进入发棵期。早熟品种到第一花序开花；晚熟品种到第二花序盛开时，历时 20～30 天。

这个阶段地上茎的主茎节间迅速伸长，植株高度达到最终高度的一半，主茎及叶片全部长成，分枝（侧枝）和分枝叶片相继扩展，整个叶面积达到最大叶面积的 50%～80%，单株形成下小上大、平顶的杯状，主茎顶部花蕾突显。同时，根系扩大，匍匐茎尖端膨大成直径 3 厘米左右的小块茎。

本阶段的生长特点是，从地上茎叶生长为重点转向以地上茎叶生长和地下块茎形成同时进行的时期。此时，叶片光合作用进行营养制造、茎叶根系生长进行营养消耗、小块茎生长还有营养积累，三者相互促进，相互制约，茎叶生长出现短暂缓慢现象，但对肥水的吸收量还是比较大的，如果土壤中营养、水分充足，生长缓慢时间很快就过去。所以，此期要充分满足肥水的需要，使其迅速旺盛生长，才能尽快达到最大叶面积时期。

当植株茎叶干物质重和块茎干物质重达到平衡时，标志着发棵期的结束，开始进入膨大期。

但是，此期如果氮肥过量供应、气温偏高、多雨、密度过大，都会加大茎、叶生长速度，造成营养大量消耗，同时造成徒长，推迟地上茎叶和地下块茎的干物质重量平衡时期的出现，进而推迟进入块茎膨大时期的时间，降低块茎产量。相反，则茎叶生长要受到限制，茎叶和块茎干物质提早达到平衡，也会造成块茎减产。所以，在这个转折阶段，一定要根据苗情，采取促、控结合的措施，保证转换过程协调进行。所说的促就是促进茎叶生长达到光合效率，促进营养向块茎转移积累；控就是控制茎叶徒长。这样，才能使其生育过程迅速进入块茎膨大期。

块茎形成对温度、湿度要求都很严，地温 16~18℃ 对块茎形成和增长最有利。田间最大持水量要保持在 70%~80%（含水量 17%~18%）最好。

四、块茎膨大期

块茎膨大期也叫块茎增长期或结薯期。从开花或盛花开始进入到收花、茎叶开始衰老为止是块茎膨大期。历时 15~25 天。也就是出苗后第 50~60 天进入块茎膨大期。按马铃薯生长状态看，从茎叶和块茎干物质重量平衡到茎叶和块茎鲜重平衡为止。

这个阶段，是以块茎体积增大和重量增长为重点。是从以地上茎叶生长为主转入以地下块茎生长为主的阶段。块茎和茎叶生长都很迅速，茎叶的鲜重和叶面积都达到一生中最大值。之后，茎叶停止生长并逐步衰老，但块茎则继续生长，增长个头和重量。逐步使茎叶鲜重与块茎鲜重达到平衡，标志着块茎膨大期结束，进入干物质积累期。块茎产量的 70% 左右是在此期形成的。所以，本期是马铃薯一生中需肥、需水最多的时期，吸收的钾肥比发棵期多1.5倍，吸收的氮肥比发棵期多一倍，达到一生中吸收肥、水的高峰。充分满足这一时期马铃薯对肥、水的需求，是获得块茎产量丰收的关键。

外界环境条件对块茎增长的影响至关重要。其中温度对块茎增长影响最大，最适合的气温是 18～21℃，而且要求昼夜温差大，应在 10℃ 以上。夜温低最有利光合作用制造的营养向块茎输送，据资料介绍，地温在 20℃ 以上时，夜间气温 12℃ 就能结块茎，而夜间气温 23℃ 时，则不能结块茎。光照的强弱，直接影响着光合作用的进行和营养的积累，在强光照且短日照情况下，光合效率最好，营养输送的速度最快，据资料介绍，在 12 小时光照下比 19 小时光照下，营养向块茎中输送的速度要快 5 倍。块茎增长要求土壤有丰富的有机质，并且微酸性和良好的透气状况，而土壤透气非常重要，有足够的氧气才有利于细胞的分裂和伸展。水分更为重要，块茎增长对水特别敏感，这个时期土壤水分，即田间最大持水量始终应保持在 80%～85%（含水量为 18%～20%）。如果供水不匀和温度剧烈变化会影响块茎正常生长，出现畸形，造成产量低、品质差的问题。

五、干物质积累期

干物质积累期也叫淀粉积累期。从终花开始至茎叶枯萎为止，历时 15～20 天，也就是出苗后 65～85 天进入干物质积累期。按生长状态看，早熟品种盛花末时，中晚熟品种在终花时，茎叶停止生长，基部叶片开始变黄，茎叶和块茎鲜重达到平衡，就进入了干物质积累期。

此期虽然茎叶停止了生长，但光合作用仍在旺盛的进行，有机营养不断制造，而且大量向块茎中转移，块茎体积不再明显增大，但干物质重显著增加，块茎总重量继续增加。据资料介绍，在此期间增加的产量可占总产量的30%～40%。在干物质增加的同时，薯皮细胞壁木栓组织加厚，薯皮老化，块茎内外气体交换减弱，茎叶枯萎时，块茎达到成熟，开始进入休眠状态。

这个阶段的主要特点是干物质的合成、运转和积累，干物质积累速度达到一生中最高值。所以，此阶段栽培技术的重点工作是：保护茎叶，防止早衰，防止疫病损害叶片，延长叶绿体保持时间，使光合作用强度增加，时间延长，让块茎尽量多地积累干物质。需水量相对块茎膨大期有所减少，但仍应保持土壤中的含水量，田间最大持水量要达到50%～60%（含水量为15%～16%）。还要防止过大的湿度，以避免块茎皮孔开张，防止病菌侵入，增加块茎耐贮性。如果氮肥施用太多，易出现贪青现象，影响营养向块茎转移和积累，薯皮嫩，不耐贮。

六、成熟收获期

干物质积累期结束就是块茎的成熟收获期，具体是茎叶全部枯萎、功能完全丧失时。薯皮全部木栓化了，并逐渐进入休眠状态，也就是在出苗后的第 70~100 天。但在生产中并没有真正达到生理成熟期，只要块茎够商品成熟，就可随时进行收获了。一般收获前 10 天应停止浇水。种薯应提前 10~15 天杀秧，以减少病毒进入薯块。北方一季作区和二季作秋薯要注意防冻，尽早收获。马铃薯生长阶段划分及各阶段对水肥要求和生长量如表 2-1 所示。

表 2-1　马铃薯生长阶段划分及各阶段对水肥要求和生长量参照表

生长阶段	发芽期	幼苗期	发棵期（块茎形成）	块茎膨大期	干物质积累期	成熟期
本期天数	10~40	15~25	20~30	15~25	15~25	0
从出苗到本期末天数	0	15~25	25~55	50~80	65~105	
划分标志	播种　　出苗		现蕾　　开花	终花	枯秧　　收获	
块茎生长量占总生长量比例（%）			10	50~70	20~40	
茎叶生长量占总生长量比例（%）		20~25	50~60	20~25		
干物质积累占总积累量比例（%）		6	20	39	35	
营养吸收占总积累量比例（%）		16	30	41	13	
要求土壤最大持水量（%）	60	60~70	70~80	80~85	60	
本期耗水占总耗水比例（%）		10	30	50	10	

注：①表中数据均不是绝对的；②早晚熟品种都有变幅。

第四节 马铃薯生长对环境的要求

一、马铃薯生长发育对温度的要求

马铃薯块茎休眠期度过，当温度超过 5℃时，芽眼萌动出芽。播种后，地温在 10～13℃，幼芽生长迅速，出苗快。茎叶的生长与块茎的膨大最适宜的温度要求并不一致。茎叶生长最适宜的温度是 21℃，温度超过 25℃以上，茎叶生长缓慢；30℃以上时，呼吸作用增强，白天光合作用制造的养分，被呼吸作用消耗掉，造成营养失调；当温度下降到 -1～2℃时，植株受冻死亡。马铃薯块茎对温度的要求反应比茎叶更敏感。地温 10℃左右块茎膨大缓慢；块茎膨大最适宜的地温为 15～18℃，养分积累迅速，块茎膨大快，薯皮光滑，食味好；地温 25℃时块茎膨大缓慢；地温超过 30℃以上时，呼吸作用增强，光合作用制造的养分被呼吸作用消耗，块茎停止膨大，薯皮木栓化，表皮粗糙，淀粉含量低，食味差，产量低，块茎不耐贮藏；地温下降到 -1℃，块茎受冻，解冻后，水分大量渗出，块茎变软萎蔫，失去商品和食用价值，受冻的块茎入窖贮藏，还容易引起其他块茎大量腐烂。块茎贮藏最适宜的温度为 1～4℃，超过 5℃块茎发芽。总之，了解马铃薯对温度的要求，对适时科学管理、提高产量有积极的意义。

二、马铃薯生长发育对水分的要求

马铃薯块茎虽本身含有大量的水分，播种后能萌动出芽，但是如果土壤过于干旱，则幼苗也不能出土，会使薯块干缩，雨后腐烂，造成缺苗。幼苗出土后，茎叶较小，需水较少，土壤含水量短期间稍偏低，能促进根系下扎，但时间过长或过于干旱，反而影响根系生长。从现蕾到开花是马铃薯一生中需水量最多的阶段，水分不足、土壤干旱，植株萎蔫停止生长；叶片发黄，光合作用停止，块茎表皮细胞木栓化，薯皮老化，块茎停止膨大。这种现象称为停歇现象。当降雨或浇水后，土壤温度和水分适宜时，植株恢复光合作用，重新生长。这种现象称为倒青现象。由于块茎表皮细胞木栓化，薯皮老化，不能继续膨大，只能从芽眼处的分生组织形成新的幼芽，窜出地面形成新的植株，温度适宜在芽眼处形成新的块茎，有的形成串珠薯、子薯或奇形怪状的块茎。生长后期，需水量逐渐减少，水分过大，土壤板结，透气性差，块茎含水量增加，气孔细胞膨大裸露，引起病原菌侵染，易造成田间块茎腐烂，块茎收获后不耐贮藏。由于水分供应不均匀引起薯块发育不良形成畸形薯，如图2-8所示。

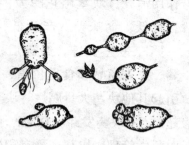

图2-8 马铃薯的畸形薯

总之，马铃薯生长期需要适宜的水分。认为马铃薯生长只需要半旱墒是错误的。马铃薯需水量的多少与品种、土壤种类、气候条件及生育阶段等有关。一般在马铃薯生育期有 300~400 毫米均匀的降水量，就可以完全满足其对水分的要求。河南省 3~6 月份中旬往往少雨干旱，需要浇水来满足马铃薯生长发育对水分的要求。土壤含水量达到土壤最大持水量的 60%~80%，植株生长发育正常。生育后期应注意雨后田间排水，以防田间积水造成烂薯。

三、马铃薯生长发育对光的要求

马铃薯是喜光作物，种植过密、施氮量过多，枝叶过旺、相互遮阴光照不足，影响光合作用，植株生长不良，影响产量。长日照对茎叶生长和开花有利，短日照有利于养分积累块茎膨大。日照时间以 11~13 小时为宜。在此日照条件下，茎叶发达，光合作用强，养分积累多，块茎产量高。

二季作地区，春季日照较长，秋季日照较短，在生产中应选择对光照不敏感的早熟品种，这样才能获得春秋两季高产。

马铃薯含有微量龙葵素（马铃薯素），是一种有毒物质，有些品种块茎食用有麻味、涩味，就是含此种物质较高的缘故。马铃薯在生长过程中，管理粗放、培土过晚、过薄，块茎膨大露出地面，受阳光照射或收获后贮藏室光线明亮，块茎变绿，龙葵素含量增高，失去食用价值。

光对幼芽有抑制作用。块茎休眠期度过后，在温度适宜、黑暗的条件下，块茎上的幼芽黄白细长。块茎休眠期度过后，将块茎放在散射光条件下，块茎上长出的幼芽粗壮发绿。种薯播种前春化（暖种）处理，应在散射光条件下进行。早熟栽培催大芽，芽催成后，应摊放在室内散射光条件下绿化。这样播种后出苗早、苗壮、产量高。

四、马铃薯生长发育对土壤的要求

马铃薯要求肥厚、疏松透气性好的沙壤土。质地疏松、透气性良好，适宜马铃薯块茎膨大生长，块茎淀粉含量高，食味好，薯皮光滑，商品性好。但沙性过大，肥力差，保肥、保水能力差，肥水易渗透，产量低，应多施有机肥，化肥应分多次施，但每次量应少些。黏性土壤透气性差，块茎生长发育不良，易产生畸形块茎，薯皮粗糙，品质差，并易造成腐烂。但黏性土壤一般肥力好，保墒性能好，但只要多施有机肥，掺沙改良土壤，勤中耕疏松土壤，马铃薯同样可以获得高产。

马铃薯生长发育需要微酸性土壤。在 pH（酸碱度）为 4.8 ~ 7.0 的土壤种植马铃薯，生长比较正常。最适宜马铃薯生长的土壤 pH 为 5 ~ 5.5。在 pH 为 4.8 以下的酸性土壤上有些品种表现早衰减产。多数品种在 pH 为 5.5 ~ 6.5 的土壤中生长良好，块茎淀粉含量有增加的趋势。pH 高于 7 时产量下降。

在强碱性土壤上种植马铃薯，有的品种播种后不能出苗。因此，在 pH 为 8.5 以上的土壤种植马铃薯必须谨慎。含石灰质的土壤中放线菌较多，块茎容易感染疮痂病。土壤 pH 在 6 ~ 7 时疮痂病发生严重，土壤 pH 为 5.1 时病菌活动受到抑制，种植马铃薯一般不发生疮痂病。

五、马铃薯生长发育对空气的要求

马铃薯与其他作物一样，叶子是进行光合作用制造碳水化合物的绿色工厂。光合作用是以空气中的二氧化碳为原料进行的。糖、淀粉等是光合作用的产物。田间二氧化碳的含量与马铃薯光合作用制造营养物质及产量有着极大的关系。

施用有机肥料，如厩肥、草粪、饼肥等，在土壤被微生物分解后，放出二氧化碳。在施用有机肥料的土壤中，一般每天每亩能释放出二氧化碳 8 千克左右。施用碳酸氢铵、尿素等化肥，经过分解，也能放出二氧化碳。田间空气中二氧化碳含量达到 0.1%，对马铃薯生长非常有利。每亩马铃薯每天约需要吸收二氧化碳 20 千克。

马铃薯块茎在土壤中生长发育，需要足够的空气。空气不足，块茎呼吸作用受到影响，会造成块茎腐烂。保证土壤良好的透气性，是马铃薯丰产的重要条件。

第三章 脱毒马铃薯的良种繁育

第一节 马铃薯常见优良品种

马铃薯品种按用途，一般可分为菜用型、淀粉加工型、油炸食品加工型。

一、菜用型品种

（一）东农303

该品种为我国双季、极早熟脱毒马铃薯菜用品种，由东北农学院培育。

（1）品种特性：早熟，从出苗到收获60天左右。株型直立，茎秆粗壮，分枝中等，株高45厘米左右，茎绿色。叶色浅绿，复叶较大，叶缘平展，花冠白色，不能天然结实。块茎扁卵形，黄皮黄肉，表皮光滑，芽眼较浅。结薯集中，单株结薯6~7个，块茎大小中等。块茎休眠期较长。淀粉13.1%~14%，蒸食品质优，食味佳。植株感晚疫病，高抗花叶病毒病，轻感卷叶病毒病，耐纺锤类病毒。

（2）产量：一般每亩产量1 500~2 000千克，高的可达2 500千克以上。

（3）栽培要求：适宜密度为每亩 4 000～4 500 株。上等水肥地块种植，苗期和孕蕾期不能缺水。适应性广，适宜和其他作物套种。适合在东北、华北等地种植。

（二）早大白

属早熟菜用型品种，由辽宁本溪马铃薯研究所育成。

（1）品种特性：早熟品种，从出苗到成熟 55～60 天。植株半直立，繁茂性中等，株高 50～60 厘米，茎叶绿色，花冠白色，天然结实性偏弱。块茎扁圆形，白皮白肉，表面光滑，芽眼小较浅。结薯集中，单株结薯 3～4 个，大中薯率高，商品性好。块茎休眠期中等。淀粉 11%～13%，食味中等，耐贮性一般。苗期喜温抗旱，耐病毒病，较抗环腐病，感晚疫病。

（2）产量：一般每亩产量 2 000 千克。

（3）栽培要求：地块选排灌良好的沙壤土，适宜密度为每亩4 500～5 000株。适合在山东、辽宁、河北和江苏等地种植。

（三）费乌瑞它

由荷兰引入，因在各地表现良好，有很多别名，如荷兰7、荷兰15、鲁引1号、津引8号、粤引85～38、早大黄等。

（1）品种特性：早熟，出苗后 60～65 天可收获。株型直立，分枝少，株高 50～60 厘米。根系发达，茎粗壮、基部紫褐色，复叶宽大肥厚深绿色，叶缘有轻微波状，生长势强。花冠蓝紫色，可天然结实。块茎扁长椭圆形，顶部圆形。皮肉淡黄色，表皮光滑细腻，芽眼少而浅平。结薯集中，单株结薯4个左右，薯块大而整齐，商品率高。块茎休眠期50天左右。淀粉12%～14%，品质好适宜鲜食，较耐贮藏。易感晚疫病，轻感环腐病和青枯病。

（2）产量：一般亩产量2 000千克。

（3）栽培要求：该品种喜肥水，产量潜力大，要求地力中上等。适宜密度为每亩4 000～4 500株，注意厚培土。适合中原各省、山东、广东等地作为出口商品薯栽培。

（四）中薯3号

属中早熟菜用型品种，由中国农业科学院蔬菜花卉研究所育成。

（1）品种特性：早熟，从出苗至收获65～70天。株型直立，分枝少，株高55～60厘米。茎绿色，叶色浅绿，复叶大，叶缘波状，生长势强。花序总梗绿色，花冠白色而繁茂，能天然结实。薯块椭圆形，顶部圆形，浅黄色皮肉，薯皮光滑，芽眼少而浅。匍匐茎短，结薯集中，单株结薯4～5个，较整齐。薯块大，大中薯率达90%，商品性好。块茎休眠期60天左右。块茎淀粉含量12%，食味好。田间表现抗重花叶病毒，较抗普通花叶病毒和卷叶病毒，不抗晚疫病，不感疮痂病。

（2）产量：一般每亩产量2 000千克。

（3）栽培要求：选土质疏松、灌排方便地块，适宜密度为每亩4 500株。适宜北京、中原各省和南方种植。

二、淀粉加工型品种

（一）系薯 1 号

中早熟淀粉加工型品种，由山西省农科院高寒作物研究所育成。

（1）品种特性：株型直立，株高 40~50 厘米。茎绿色带紫色斑纹，叶片肥大，叶色深绿，花白色。块茎圆形，紫皮白肉，芽眼中等深度。结薯集中，薯块大而整齐，含淀粉高达 17.5%，还原糖 0.35%。植株高抗晚疫病，抗干旱。

（2）产量：一般每亩产量为 1 500 千克。

（3）栽培要求：适宜密度为每亩4 000~4 500株。因块茎膨大速度快，所以田间管理工作应尽早进行。要早中耕培土，在现蕾、开花期及时浇水，视苗情增施氮肥。适合中原地区二季作及一季作栽培。

（二）鄂马铃薯 1 号

属早熟淀粉加工型品种，由湖北恩施南方马铃薯研究中心育成。

（1）品种特性：株型半扩散，茎叶绿色，花白色。生育期为 70 天左右，长势强。薯块扁圆，表皮光滑，芽眼浅。结薯集中，薯块大面整齐，含淀粉17%以上，还原糖 0.1%~0.28%。高抗晚疫病，略感青枯病，抗退化。

（2）产量：每亩产量为 1 300~1 800 千克。

（3）栽培要求：适宜密度为每亩5 000株。每亩应施有机底肥 1 500 千克，追施化肥 15 千克，追施苗肥和蕾肥并配合中耕除草是管理的关键。目前在湖北恩施地区种植，其他地区可以试种。

（三）安薯 56 号

属中早热淀粉加工型品种，由陕西省安康地区农业科学研究所育成。

（1）品种特性：株型半直立，株高 42~65 厘米，分枝较少。茎淡紫褐色，坚硬不倒伏。叶色深绿，花紫红色。块茎扁圆或圆形，黄皮白肉，芽眼较浅，块茎大而整齐。结薯集中，块茎休眠期短，耐贮藏。块茎含淀粉 17.66%。植株高抗晚疫病，轻感黑胫病，退化轻，耐旱，耐涝。

（2）产量：每亩产量为 3 000 千克左右。

（3）栽培要求：适宜密度为每亩 3 500~4 000 株。适宜陕西省秦岭一带种植，其他地区可推广试种。

（四）晋薯 5 号

属中熟淀粉加工型品种，由山西省高寒作物研究所育成。

（1）品种特性：株型直立，分枝多，株高 50~90 厘米。茎叶深绿，长势强，花白色。块茎扁圆形，黄皮黄肉，表皮光滑，薯块大小中等，整齐，芽眼深度中等。结薯集中，块茎休眠期长，耐贮藏。生育期为 105 天以上。薯块含淀粉 18%，还原糖 0.15%。抗晚疫病、环腐病和黑胫病。

（2）产量：一般每亩产量为 1 800 千克以上。

（3）栽培要求：适宜密度为每亩 4 000 株左右。在栽培中，要做到地块土层深厚，质地疏松良好，重施底肥，生育期间加强肥水管理，薯块膨大期分次培土，东北一季作区均可种植。

三、菜用和淀粉加工兼用型品种

（一）中薯2号

属极早熟菜用和淀粉加工兼用型品种，由中国农业科学院蔬菜花卉研究所育成。

（1）品种特性：株型扩散，株高65厘米。枝较少，茎浅褐色。叶色深绿，长势强，花紫红色，花多。块茎近圆形，皮肉淡黄，表皮光滑，芽眼深度中等。结薯集中，块茎大而整齐，单株结薯4～6块。休眠期短，薯块含淀粉14%～17%，还原糖0.2%左右，退化轻。

（2）产量：一般每亩产1 500～2 000千克，肥水好的高产田达4 000千克。

（3）栽培要求：适宜密度为每亩3 500～4 000株。对肥水要求较高，干旱后易发生二次生长。可与玉米、棉花等作物间套作。目前在河北、北京等地推广种植。适宜于二季作及南方地区冬作种植。

（二）豫马铃薯2号

属早熟菜用和淀粉加工兼用型品种，由河南省郑州市蔬菜研究所育成。

（1）品种特性：株型直立，株高75厘米。分枝少，叶绿色，花白色。块茎椭圆形，黄皮黄肉，表皮光滑，块大而整齐，芽最浅。结薯集中，大中薯率达 90% 以上。块茎休眠期短，生育期 65 天左右。薯块含淀粉 15%。抗退化，抗疮痂病，较抗霜冻。

（2）产量：一般每亩产量为 2 000 千克左右。

（3）栽培要求：适宜密度为每亩 4 200 株左右，加强前期水肥管理，不脱水脱肥可获高产。适合二季作栽培，在河南、山东、四川和江苏等省均有种植。

（三）呼薯 4 号

早熟菜用和淀粉加工兼用型品种，由内蒙古自治区呼伦贝尔盟农科所育成。

（1）品种特性：株型直立，株高 60 厘米左右。分枝少，茎粗壮，叶色深绿，花淡紫色。块茎椭圆，黄皮黄肉，芽眼中深，块茎大而整齐。结薯集中，块茎休眠期长，耐贮藏。薯块含淀粉 15% 左右。晚疫病不重，苗期较耐旱。生育期 75 天左右。

（2）产量：一般每亩产量为 1 500 ~ 2 000 千克。

（3）栽培要求：适宜密度为每亩 4 000 ~ 4 500 株。天然结实多影响产量，必要时摘蕾摘果可增产。适宜在吉林、辽宁和内蒙古等地种植。

（四）陇薯一号

属中早熟菜用和淀粉加工兼用型品种，由甘肃省农科院粮食作物研究所育成。

（1）品种特性：株型开展，株高 80 ~ 90 厘米。茎绿色，长势强，叶浓绿色，花白色。块茎扁圆或椭圆，皮肉淡黄，表皮粗糙，块茎大而整齐，芽眼浅。结薯集中，块茎休眠期短，耐贮藏。生育期85天左右。薯块含淀粉14.7%~16%，还原糖0.02%。轻感晚疫病，感环腐病和黑胫病，退化慢。

（2）产量：一般每亩产量为1 500~2 000千克。

（3）栽培要求：适宜密度为每亩5 000株左右。适宜于二季作种植。应适当稀播，施足基肥。中耕管理要早。适应性较广，一、二季作均可种植。在甘肃、宁夏、新疆、四川和江苏有种植。

第二节　马铃薯脱毒种薯

一、脱毒种薯的概念

"种薯"是指那些作为种子用的薯块。"脱毒种薯"是指马铃薯种薯经过一系列物理、化学、生物或其他技术措施清除薯块体内的病毒后，获得的经检测无病毒或极少有病毒侵染的种薯。脱毒种薯是马铃薯脱毒快繁及种薯生产体系中，各种级别种薯的通称，用脱毒试管苗在试管中诱导生产的薯块称为"脱毒试管薯"。在人工控制的防虫网室中用试管苗移栽、试管薯栽培或脱毒苗扦插等技术生产的小薯块称为"脱毒微型薯"，以及"脱毒原原种"、"脱毒原种"、"一级脱毒种薯"、"二级脱毒种薯"等。脱毒种薯生产不同于一般的种子繁育，它要求有严格的生产规程，按照各级种薯生产技术的要求，采取一系列防止病毒及其他病害感染的措施，包括种薯生产田需要人工或天然隔离条件，严格的病毒检测监督措施，适时播种和收获，及时拔除田间病株，清除周围环境的毒源，防蚜避蚜，种薯收获后检验等，每块种薯田都要严格把关，确保脱毒种薯质量。试验结果表明，脱毒种薯的增产效果极其显著，采用脱毒种薯可以增产 30% ~ 50%，高的达到 1 ~ 2 倍，甚至 3 ~ 4 倍以上。采用脱毒种薯生产马铃薯之所以有如此大的增产效果，一方面是因为种薯质量好，种薯没有病毒或基本没有病毒的侵染，使植株在生产过程中能充分发挥品种的优良生产特性；另一方面与当地农家品种的退化程度有关，当地的品种退化得越严重，采用脱毒种薯的增产效果越好，增产幅度越大。

二、种薯脱毒的原因

在马铃薯栽培过程中，植株的逐年变小，叶片皱缩卷曲，叶色浓淡不匀，茎秆矮小细弱，块茎变形龟裂，产量逐年下降等现象，就表明马铃薯已经发生"退化"，种薯"退化"是引起产量降低和商品性状变差的主要原因。研究种薯"退化"形成原因，寻找解决马铃薯"退化"技术，曾是世界研究马铃薯的一个重要课题。科学家从植物生理学、生物化学、栽培技术、栽培环境、种薯贮藏条件、病虫害侵染等方面，对马铃薯"退化"进行了深入的研究，最终明确了病毒的侵染及其在薯块内的积累是马铃薯"退化"的主要原因。

通常说的马铃薯退化现象，实际上是马铃薯植株在生长过程中感染了病毒。常见到的是，从外地调来的种薯在第一年或第一季种植时产量很高，而把收获的马铃薯留种，再种植时，植株逐渐变矮、分枝减少、叶面皱缩、向上卷曲、叶片出现黄绿相间的嵌斑，甚至叶脉坏死，有的整个复叶脱落等，生长势衰退、块茎变小、产量连年下降，最后失去种用价值，这就是通常所说的退化。造成退化的原因是各种病毒侵染所引起的。

病毒的结构十分简单，只有一个蛋白质外壳包着一条核酸分子链，所以病毒自身不能复制所需的氨基酸和核苷酸。这些物质都需要从寄主块茎细胞中获得。由于病毒的侵入，既消耗了块茎中细胞的营养，也破坏了细胞内部原有的正常结构，使细胞的代谢发生紊乱，失去了正常的生理功能，从而导致植株产生病变而出现上述症状。

病毒侵染后，造成本来优良的品种失去种用价值。要使这一优良品种重新恢复其优良特性，就必须把块茎中已积累的病毒"清除"干净，达到无毒状态，这就是脱毒。

病毒可以侵入植物体所有的营养器官，但是除了一些类病毒，大多数病毒都不能侵入到花粉、卵、胚等生殖器官。多数植物是通过有性生殖繁育后代，植物在有性生殖繁育后代的过程中，新生种胚具有亲体摒除病毒的作用，能除去母体所带的各种病毒，生产的后代是无病毒侵染的种子。栽培种马铃薯是高度杂合的四倍体，为了保持四倍体马铃薯栽培种的优良农业性状，生产上主要利用薯块进行无性繁殖，即"种土豆收土豆"。作为下代"种子"的薯块，由于病毒的不断侵染和积累，又不能自身清除体内的病毒，导致植株病毒病逐年加重，使植株在生产过程中不能充分发挥品种的生产特性，造成严重的减产。只有采用现代生物技术将种薯内的病毒去掉，恢复马铃薯品种本身的生理功能和生产特性，才能防止马铃薯的"退化"，使之达到育种家培育之初品种的商品性状和产量。这就是种薯需要脱毒和采用脱毒种薯能够大幅度提高产量的重要原因。

三、我国马铃薯的主要病毒病

世界上发现侵染马铃薯的病毒有 20 多种，在我国常见的马铃薯病毒从症状上分有轻花叶病毒、重花叶病毒和卷叶病毒等。

（一）轻花叶病毒

如 X 病毒，常使植株患病后在小叶片上叶脉间产生黄色嵌斑；A 病毒也称粗缩花病毒，使植株小叶扭曲、叶尖出现黄色斑驳，后期叶脉下陷；S 病毒也称潜隐花叶病毒，侵入植株后表现不太明显，仔细观察可发现小叶片叶脉下陷，叶面微有皱缩，没有健株叶面平展；M 病毒也称副皱缩花叶病毒，在叶脉间呈块斑状花叶，叶片皱缩，严重时出现叶脉坏死。

（二）重花叶病毒

Y 病毒是造成严重花叶病的主要病毒，常使叶片严重皱缩，叶脉坏死或呈条斑垂叶坏死。使植株变矮，不分枝或很少分枝，不能开花或花很少等。尤其是 Y 病毒和 X 病毒或 A 病毒等复合侵染（即 Y＋X，或 Y＋A）后植株受害更严重。

（三）卷叶病毒

这种病毒使植株叶片从下部开始卷叶，而后逐渐向上发展，典型的卷叶把叶片边缘向上卷成筒状，而且患卷叶病的叶片发脆，折叠有声，这是和健康叶的区别之一。

以上七种病毒在我国比较常见，尤其 X 病毒、Y 病毒和卷叶病毒较为普遍，且后两种病毒危害较重。另外，不太普遍但在我国各地尚存在的一些病毒，如莲顶病毒也称"帚顶"或"拖把"顶病毒，黄瓜花叶病毒，烟草花叶病毒，苜蓿花叶病毒；绿矮病毒即甜菜顶卷病毒等。还有些菌原质引起的马铃薯丛枝病，紫顶萎蔫病等偶尔也可出现。

除病毒病和菌原质致病外，危害最严重而且最难根治的是马铃薯纺锤块茎类病毒。这种类病毒用茎尖脱毒的方法或用种子生产种薯都很难摆脱，且在我国存在的面较广，值得注意。

四、马铃薯病毒、类病毒的传播途径

病毒、类病毒以及菌原质（体）的传病方式大致可分为四个方面。

（一）接触传毒

接触传毒的方式是多种多样的，如健康植株与病株在田间枝叶交接，因风吹互相摩擦即可使健株感染病毒。在贮藏过程或催芽后，健康的块茎幼芽与病薯的幼芽在运输过程摩擦也可传病；人在田间操作时用的农具和人的衣物，接触病株经摩擦带毒后又与健株接触也可把病毒带到健株上。用切刀切种薯时，切了病薯又切健薯即可使健薯感病。

（二）昆虫传毒

传毒的害虫较多，如蚜虫、叶蝉、螨、粉虱、蝗虫等均可传毒。最普遍的是蚜虫传毒。如 X 病毒、A 病毒、M 病毒和 S 病毒的一些株系及类病毒等。蚜虫取食病株后，病毒保存在喙针上，不进入体内，再取食于健株时即可通过喙针传毒。卷叶病毒为持久性病毒。在蚜虫取食病株时病毒进入蚜虫体内，最少经过一小时之后再食健株时才能传毒。因持久性病毒需在蚜虫体内繁殖，而后经喙针传毒，不像非持久性病毒可在取食后瞬间传毒。

螨类、粉虱可传播 Y 病毒；咀嚼口器的害虫可传播 X 病毒和纺锤块茎类病毒；叶蝉可传播绿矮病毒和紫顶萎蔫病毒等。

（三）线虫传毒

线虫通过口针取食时可把病毒吸入体内，再于健株幼根上取食时传入病毒。烟草脆裂病毒和番茄黑环病毒均可通过线虫传毒。马铃薯也可感此病毒。

（四）真菌传毒

所谓土壤传病，实际上并不是土壤本身传病，而是土壤中的线虫或真菌孢子可以把病毒传染给健株。真菌孢子在土壤中存活的时间因病菌种类而不同，且有很大的差异。可传播 X 病毒的癌肿病菌在土壤中可存活 20 多年。传播蓬顶病毒的粉痂病菌孢子在土壤中至少可存活一年。12 ~ 15℃时移栽，以便脱毒苗健旺生长。移栽的脱毒苗一般 70 ~ 90 天即可收获种薯，即无毒薯。无毒薯可再经过繁殖，而后供生产上应用。

五、脱毒种薯的选择

在田间，病毒主要是由蚜虫传播的。当带毒蚜虫把病毒传给植株时，病毒在植株体内增殖，经 7 ~ 20 天就可运转到地下块茎，使块茎也带毒。这样的块茎作种子就不是无毒种薯了。

试验结果表明，用大田薯留种，产量每年要递减 20% 左右。产量的降低与气候有密切的关系，在全国各个地方差异很大，在黄河以南的地区，马铃薯退化很快，每年必须更换品种。而在北方气候冷凉地区，马铃薯退化则相对比较慢。因此为了获得高产，不能用大田薯留种子，而必须每年更换脱毒种薯，才能保证年年高产稳产。

六、脱毒种薯的增产作用

（一）提高出苗率

在生产应用中，脱毒种薯的一个突出特点是烂薯率大幅度降低，出苗率提高。与未脱毒种薯比较，脱毒种薯出苗率平均增加 13.7% ~ 31.9%，有的干旱地区高达 60.9%。

（二）植株茎叶旺盛，生长势增强

马铃薯脱毒后，植株表现了旺盛的生长势。例如，初花期的植株高度，脱毒的比未脱毒的增加 26.6% ~ 37.7%，茎粗增加 35.0%，叶面积增加 57.1%，这为产量的形成建造了强大的绿色体，是增产的物质基础。

（三）叶绿素增加，光合强度提高

马铃薯脱毒后，不仅植株生长旺盛，而且叶片中叶绿素含量和光合强度也都显著提高。例如，脱毒株开花初期和结薯期叶绿素含量分别比未脱毒的高 30.7% 和 33.3%，光合强度分别提高 14% 和 41.9%。试验结果表明，脱毒植株光合产物运转到块茎中的比例最高，高于对照 3.13 倍。运到地上部的量次之，运到根中的最少。而未脱毒植株的情况则相反，运转到茎叶中的最高，块茎中的很少。这是由于植株体内的病毒阻滞了植株生理代谢而引起的。

（四）抗逆性增强

脱病毒植株水分代谢旺盛，抗高温和干旱的能力较强，而且病害明显减少。在土壤水分充足、光照充足和适温条件下叶片蒸腾强度反而比未脱毒的高 32.9%。相反，在土壤干旱、强光、高温条件下，蒸腾强度反而比未脱毒的低 11.9%。这说明脱毒植株能够进行自身调节，以适应不良环境条件，具有较强的抗逆性。

（五）提高产量

脱毒植株与未脱毒植株相比，增产效果十分显著。在同样的条件下，前者一般比后者增产30%～50%，有时甚至产量要成倍增加。脱毒前退化越严重，脱毒后的增产效果越明显。

七、脱毒种薯的注意事项

脱毒的马铃薯只是把病毒去掉，并不能使马铃薯对病毒产生抗病或免疫作用。脱毒的马铃薯如不采取保护措施，很快又会被病毒侵染，仍然发生病毒性退化。因而从试管苗移栽、生产脱毒种薯开始就必须采取严格保护，防止种薯在刚繁殖时就感染病毒。国内外在生产脱毒薯过程的初期都是种在隔离条件好的地方，严防任何害虫传播病毒。我国繁殖脱毒薯原原种及一级原种，多种在网棚内以防止蚜虫等传毒。种薯量大时选择气候冷凉、蚜虫极少的地方进行扩大繁殖，一般至少经过2～3年后才把脱毒的种薯供农民种植。这时，因种薯在开放地上种植，或多或少已有些种薯轻微感病，但基本上是健康的，所以，能增产。农民种植后，马铃薯被病毒侵染的机会增多，又逐渐发生病毒性退化。特别是在二季作区的城市附近，种植的茄子、辣椒、番茄、黄瓜等蔬菜的病毒均可侵染马铃薯。有翅蚜虫在春夏之交大量迁飞时传播非常普遍。所以，二季作区马铃薯病毒性退化严重。过去长期进行北薯南调，就是由于没有解决防止蚜虫传毒问题。脱毒的种薯如不因地制宜地采取留种措施，种植1～2年照样会严重感病退化。农民利用脱毒种薯需要经常更换，才能达到高产稳产。否则种薯被病毒侵染后不仅减产，而且会造成恶性循环。总之，脱毒薯仍会在种植过程被病毒侵染，逐渐退化减产。应用脱毒种薯不能一劳永逸，在出现大量病株时要及早更换种薯才能高产稳产。

第三节　脱毒马铃薯的繁育过程

茎尖组织培养生产马铃薯脱毒种薯技术是一项集组织培养技术、植物病毒检测技术、无土栽培生产脱毒微型薯技术和种薯繁育规程为一体的综合技术，虽然这一技术体系对广大马铃薯种植者而言没有普遍推广的意义，但对这一技术体系做一简单的了解有利于对马铃薯脱毒种薯的进一步认知，因此本小节对这一技术体系作如下介绍。

一、茎尖组织培养脱毒的原理

马铃薯的无性繁殖方式决定了马铃薯病毒可通过马铃薯块茎代代相传并积累，从而导致种薯退化。根据病毒在植株体内分布不均匀和茎尖分生组织带毒少的原理，结合使用钝化病毒的热处理方法，通过剥取茎尖分生组织进行培养获得脱毒植株。目前，除了一些类病毒外，绝大多数植物病毒几乎都能通过茎尖分生组织培养的方法脱除，经茎尖分生组织培养获得的植株只有经过病毒检测确认是不带病毒的株系，才能进一步利用。对继续带病毒的株系应淘汰或进行再次脱毒。这是解决因病毒引起的马铃薯种质退化，恢复种性的有效方法。1955 年，G. Morel 和 C. Martin 通过茎尖培养，获得了无 PVX、PVA 和 PVY 的马铃薯植株，以后有关技术迅速发展。

茎尖分生组织处于分化的初级阶段，此时植物体内的病毒颗粒移动到分生区的速度很慢，远不如细胞分裂的速度，因此茎尖分生组织不含病毒或含量很少。利用这一特性，加上热处理后，病毒钝化。剥取茎尖（生长点）处长度为 0.2 ~ 0.3 毫米的分生组织区，只带一两个叶原基的细胞组织进行离体培养，就可以获得脱毒植株。

二、茎尖组织培养脱毒技术

（一）脱毒材料选择

茎尖组织培养的目的是脱掉病毒，而脱毒效果与材料的选择关系很大。实践证明，同一品种个体之间在产量上或病毒感染程度上都有很大的差异。进行组织培养之前，应于生育期选择具有该品种典型性状、生长健壮的单株，结合产量情况和病毒检测，选择高产、病少的单株作为茎尖脱毒的基础材料，以提高脱毒效果。

（二）茎尖组织培养

（1）取材和消毒。剥取茎尖可用植株分枝或腋芽，但大多采用块茎发出的嫩芽。经过催芽处理的块茎在温室内播种，待幼芽长至 4 ~ 5 厘米，幼叶未展开时，剪取上段 2 厘米长的茎尖，剥去外面叶片，放入烧杯，用纱布封口，在自来水下冲洗 30 分钟，然后在超净工作台上进行严格的消毒。消毒方法是先用 75% 酒精浸 15 秒，无菌水洗 2 次；再用 5% 次氯酸钙浸泡 15 ~ 20 分钟，然后用无菌水冲洗 3 ~ 5 次，放在灭过菌的培养皿中待用。

（2）茎尖剥离和接种。在超净工作台上，将消毒好的芽置于 30 ~ 40 倍解剖镜下，用解剖针小心地剥除顶芽的小叶片，直到露出 1 ~ 2 个叶原基的生长锥后，用解剖针切取 0.1 ~ 0.3 毫米带 1 ~ 2 个叶原基的茎尖生长点，迅速接种到预先做好的培养基上。培养基一般采用 MS 配方，同时添加不同浓度的植物激素，接种前要经过高压灭菌。茎尖剥离和接种所用一切器具均应进行严格的消毒。

（3）茎尖培养。把生长点放入培养基后应置于培养室内，培养温度 20 ~ 25℃，光照强度 2 000 ~ 3 000 勒克斯，光照时间 16 小时/天。条件适宜的情况下，30 ~ 40 天后即可看到僻长的小茎，叶原基形成可见的小叶，此时及时将其转入无生长调节剂的培养基中。4 ~ 5 个月后即能发育成 3 ~ 4 个叶片的小苗。待小苗长到 4 ~ 5 节时，即可单节切段进行快繁，以备病毒检测。

（三）病毒检测

病毒在马铃薯体内只是在很小的分生组织部分才不存在，但实际切取时，茎尖往往过大，可能带有病毒，因此必须经过鉴定，才能确定病毒脱除与否。以单株为系进行扩繁，苗数达 150 ~ 200 株时，随机抽取 3 ~ 4 个样本，每个样本为 10 ~ 15 株，进行病毒检测。常用的病毒检测方法有指示植物检测、抗血清法即酶联免疫吸附法（ELISA）、免疫吸附电子显微镜检测和现代分子生物学技术检测等方法。通过鉴定把带有病毒的植株淘汰掉，不带病毒的植株转入基础苗的扩繁，供生产脱毒微型薯使用。以下对各种检测技术作简要的介绍。

（1）生物测定——指示植物法。生物测定是根据植物病毒在一些鉴别寄主植物（指示植物）上的特异性反应来诊断病毒种类。不同病毒在同一鉴别寄主上可能引起相似的反应，因此常用系列鉴别寄主根据接种反应的组合予以确定。在初步确定所属种类的情况下则应用枯斑寄主植物予以验证。生物测定法通常在隔离的温网室进行。基本操作是：将马铃薯叶片的汁液，通过摩擦、嫁接或昆虫接种在指示植物上，通过观察指示植物的症状反应，确定马铃薯体内有无病毒或带何种病毒。其中，摩擦接种法是最常见和简易的接种方法。

生物测定的方法目前仍然是研究植物病毒新种类和新株系的重要方法之一，早期的植物病毒研究者在这方面积累了大量的经验和试验材料，是我们今天进行检测鉴定研究的重要依据。

（2）酶联免疫吸附法。这种方法的原理是应用抗原（病毒颗粒）能够与特异性抗体在离体条件下产生专一性的反应。样品中的病毒颗粒将首先被吸附在酶联板样品孔中的特异性抗体捕捉，然后与酶标抗体反应。加入特定的反应底物后，酶将底物水解并产生有颜色的产物，颜色的深浅与样品中病毒的含量成正比，若样品中不存在病毒颗粒，试验规定的时间内将不会产生颜色反应。

酶联免疫吸附法是目前生产上通用的检测技术，但在应用的过程中应注意假阳性和假阴性反应的问题，在此基础上发展起来的快速诊断试剂盒，可在田间条件下进行检测，生产用种，可用此方法进行粗略检测。

（3）电子显微技术。电子显微镜技术广泛地应用于植物病毒的检测和研究，它能直观地观察病毒粒子的形态特征。主要方法是：将病毒样品吸附在铜网的支持膜上，通过钼酸铵或磷钨酸钠负染后，在电镜下观察。也可用超薄切片的方法，将植物组织经脱水包埋、切片、染色后，在电镜下观察，可确定病毒在细胞中的存在状态，例如，存在的部位和排列方式、特征性内含体（马铃薯 Y 病毒通常在细胞内形成风轮状内含体）、细胞器的病理变化、病变特征等，有助于进一步确证病毒的存在。

（4）聚合酶链式反应（PCR）。通过这一方法可将极其微量的 DNA 扩增放大数百万倍，用于 DNA 检测，极大地提高了灵敏度，理论上可检测到每个细胞分子 DNA 的水平，这一方法被广泛应用于病毒的检测鉴定中。随着 PCR 技术在植物检疫方面的应用，其检出率高、准确性高、操作方便及检疫时间短等优点已充分体现出来，在不断完善、发展 PCR 技术过程中，这一技术必将在植物鉴定检疫领域发挥出更大的作用。

（四）切段快繁

在无菌条件下，将经过病毒检测的无毒茎尖苗按单节切段，每节带 1 ~ 2 个叶片，将切段接种于培养瓶的培养基上，置于培养室内进行培养。培养温度 25℃ 左右，光照强度 2 000 ~ 3 000 勒克斯，光照时间 16 小时/天。2 ~ 3 天内，切段就能从叶腋处长出新芽和根。

切段快繁的繁殖速度很快，当培养条件适宜时，一般一个月可切繁一次，1 株苗可切 7 ~ 8 段，即增加 7 ~ 8 倍。

（五）微型薯生产

（1）网室脱毒苗无土扦插生产微型薯。微型薯的生产一般采用无土栽培的形式在防蚜温室、防蚜网室中进行，选用的防蚜网纱要在 40 目以上才能达到防蚜效果。目前多数采用基质栽培，也有采用喷雾栽培、营养液栽培的形式生产微型薯的，但并不普遍。

在基质栽培中，适宜移栽脱毒苗的基质要疏松，通气良好，一般用草炭、蛭石、泥炭土、珍珠岩、森林土、无菌细砂作生产微型薯的基质，并在高温消毒后使用。实际生产中，大规模使用蛭石最安全，运输强度小，易操作，也能再次利用，因而得到广泛应用。为了补充基质中的养分，在制备时可掺入必要的营养元素，如三元复合肥等，必要时还可喷施磷酸二氢钾，以及铁、镁、硼等元素。

试管苗移栽时，应将根部带的培养基洗掉，以防霉菌寄生危害。基础苗扦插密度较高，生产苗的扦插密度较低，一般每平方米在 400 ~ 800 株范围内较合适。扦插后将苗轻压并用水浇透，然后盖塑料薄膜保湿，一周后扦插苗生根后，撤膜进行管理。棚内温度不超过 25℃。扦插成活的脱毒苗可以作为下一次切段扦插的基础苗，从而扩大繁殖倍数，降低成本。

（2）通过诱导试管薯生产微型薯。在二季作地区，夏季高温高湿时期，温（网）室的温度常在30℃以上，不适宜用试管脱毒苗扦插繁殖微型薯，但可以由快速繁育脱毒试管苗方法获得健壮植株，在无菌条件下转入诱导培养基或者在原瓶中加入一定量的诱导培养基，置于有利于结薯的低温（18～20℃）、黑暗或短光照条件下培养，半个月后，即可在植株上陆续形成小块茎，一个月即可收获。试管薯虽小，但可以取代脱毒苗的移栽。这样就可以把脱毒苗培育和试管薯生产，在二季作地区结合起来，一年四季不断生产脱毒苗和试管薯，对于加速脱毒薯生产非常有利。

在实验室中，获得的马铃薯脱毒试管薯，其重量一般在60～90毫克，外观与绿豆或黄豆一样大小，可周年进行繁殖，与脱毒试管苗相比，更易于运输和种植成活。但是用试管诱导方法生产脱毒微型薯的设备条件要求较高，技术要求较复杂，生产成本较高，因此该技术仅适用于有一定设备条件的科研院所用来生产用于研究的高质量种薯，而生产用于大面积推广繁殖的脱毒微型薯，则以无土栽培技术较为适用。

三、脱毒种薯繁育体系

脱毒微型薯生产成本高，个体较小，数量有限，尚不能直接用于生产，而要进入马铃薯种薯繁育体系进一步的扩繁。马铃薯良种繁育体系的任务，除防止良种机械混杂、保持原种的纯度外，更重要的是在繁育各级种薯的过程中，采取防止病毒再侵染的措施，源源不断地为生产提供优质种薯。根据气候条件，马铃薯良种繁育体系大致可分为北方一季作区和中原二季作区两种类型。

（一）北方一季作区

该区是我国重要种薯生产基地，其良种繁育体系一般为 5 年 5 级制。首先利用网棚进行脱毒苗扦插生产微型薯，一般由育种单位繁殖；然后由原种繁殖场利用网棚生产原原种、原种；再通过相应的体系，逐级扩大繁殖合格种薯用于生产。在原种和各级良种生产过程中，采用种薯催芽、生育早期拔除病株、根据有翅蚜迁飞测报早拉秧或早收等措施防止病毒的再侵染，以及密植结合早收生产小种薯，进行整薯播种，杜绝切刀传病和节省用种量，提高种薯利用率。

（二）中原二季作区

中原二季作区由于无霜期短，可以利用春、秋两季进行种薯繁殖。一般有两种繁育模式：一种是春季生产微型薯，秋季生产原原种的 2 年 4 代的繁育模式；另一种是秋季生产微型薯，第二年春季生产原原种的 3 年 5 代的繁育模式。应当强调的是，在中原二季作区繁育体系中原原种的繁育要严格地在 40 目网室中生产，在原种和各级种薯繁殖过程中，为了保证种薯质量，根据蚜虫迁飞规律，春季应采用催大芽、地膜覆盖、加盖小拱棚等措施早播早收，避开蚜虫迁飞高峰，秋季适当晚播，避开高温多雨天气，同时制定严格的防蚜防病和拔除杂株等规程，防止病毒的再侵染，确保种薯质量。

第四节　马铃薯脱毒苗的生产

一、马铃薯脱毒苗露地生产原原种

大田栽培需选择海拔 1 000 米以上的虫源少，土壤肥沃，水源方便，隔离条件好，气候冷凉的豆科、禾本科作物的轮作地或 3 年以上未种过茄科作物的地块。

（一）培育壮苗

培育壮苗，包括瓶内（或试管内）和育苗盘内或营养钵（8 厘米见方的塑料钵，底部有小孔）内两个环节，在瓶（或试管）内接苗均匀，接苗数不宜太多，适当控制温度，使其有充分的发育空间和时间。当苗龄在 20～25 天、苗高 8～10 厘米、苗粗壮时扦插到育苗盘内，24 厘米×60 厘米的育苗盘，一般扦插 50～60 株为宜，营养钵扦插 15 株左右。加强苗期的水、肥、温度管理及药剂预防，定时给予营养补充。

当盘（钵）内苗龄长至 30～40 天，苗高长至 10～15 厘米时，选择阴天或晴天黄昏时，在盘（钵）内浇透水，移苗移栽，株、行距为 20 厘米×50 厘米，移栽时边移栽、边插遮阳物（树枝叶或搭塑料棚上盖树叶或草）遮阳、边浇水，最好是幼苗带土移栽，保证成活。栽苗时间因地区气候而定，一般在5月份，夜间温度在0℃以上为宜，最迟不超过6月上旬。过早移栽，由于海拔高、气温低难以成活；过晚移栽，则个体植株还未充分发育，遇降雨多易感染晚疫病降低产量。

（二）整地施肥

耕翻地以前每亩施4千克3%克百威颗粒剂毒土或用辛硫磷250克拌沙做成毒沙，施入土壤表面，同时每亩施入1 500千克以上的农家肥然后进行耕翻，碎细土块，起垄双行栽培，在两行之间的沟内施复合肥20千克，过磷酸钙20千克，钾肥10千克，再进行移苗移栽，防止栽苗后施肥不慎将肥料撒在幼苗上烧苗。

（三）加强田间管理

移栽后的脱毒苗管理，前期以遮阳、浇水为主，同时注意防治地老虎害虫咬食幼苗，以保证成活和全苗。苗成活后去掉遮阳物，无雨时酌情浇水。每亩追施5千克尿素，并进行松土，有利于促进根、茎、叶生长，30天左右再追施尿素5千克，进行中耕培土，保证有足够的营养，防止因营养不足而导致早结薯，加速衰老降低产量。中后期是薯块膨大期，叶面喷施1%~3%的磷酸二氢钾或磷酸二铵，促薯块膨大，要严格防治晚疫病和传毒蚜虫以提高种薯产量和质量。

（四）适时收获，分级贮藏

成熟后及时收获，种薯分级管理，防止种薯霉烂和皱缩，一般存放于通风干燥、又有一定温湿度条件的地方，翌年分级种植，有利于生长整齐一致，便于田间管理和提高产量。

二、马铃薯脱毒原种基地生产

（一）原种基地对生态环境的要求

原原种经过一代繁殖成为一级原种，一级原种经过繁殖成为二级原种（也就是原原种的第二代）。原原种的生产成本高，且数量也不能满足生产需要。所以需要将原原种扩大繁殖成原种，但原种生产的规模很大，不可能再用温网室生产，只能在露天开放生产。为了安全生产高质量的原种，要求有利于马铃薯生长的适宜条件而不利于传毒昆虫蚜虫生长繁殖传毒，以及不利于土壤带病毒（菌）的生态环境。其具体要求：一是地势高寒无蚜虫或蚜虫很少；二是雾大、风大、有翅蚜虫不易迁飞降落的地方；三是天然隔离条件好，如四周环山的高地、森林中的空地、海边土质好的岛屿等；四是无传播病毒和细菌性病害的土地，或三年未种过茄科植物和十字花科蔬菜作物的轮作地。

（二）原种生产基地的田间管理

第一，精细整地播种，合理密植，加强除草培土、追肥及浇水和排水等田间管理，争取生产质量好、种薯数量多、产量高的原种。

第二，注意预防蚜虫传毒危害。蚜虫传毒是影响脱毒原种质量的关键因素，在蚜虫未发生或开始发生时喷药一次，以后每隔 6～7 天喷药一次，做到预防为主，治早治了，消灭传毒媒介。

第三，注意预防晚疫病危害。晚疫病发病速度快，可在短时间内严重危害造成减产，高寒山区降雨多、气候湿润冷凉最易发生晚疫病。所以，在孕蕾期以前注意天气情况，经常观察，发现有晚疫病中心病株时开始喷药，根据天气情况每隔 5～7 天喷药一次，如遇连阴雨，每隔 3～5 天就要喷药一次。

第四，拔除病杂株。孕蕾、开花期应各检查一次，发现病株应及时拔除。因为病株是病毒（菌）的再侵染的主要来源，所以应从苗期开始，对病株及其新生块茎，宜用塑料袋装上带出田间集中处理。同时清除杂株以防品种混杂。

三、马铃薯脱毒试管薯工厂化生产技术

在培养瓶内的试管苗通过诱导，在叶腋间形成直径为 2～10 毫米的块茎，称为试管薯。

（一）生产设备

试管薯工厂化生产是在试管苗快速繁殖基础上进行的，需要在试管苗生产设备的基础上，增加一间黑暗培养室和一间低温贮藏室。

（1）黑暗培养室。黑暗培养室大小依据试管薯产量大小而定。年产 50 万粒左右试管薯的工厂，一般有 10 平方米大小的培养室即可。室内应安装空调和货物贮藏架，房顶

安装照明用日光灯和配备检查用的安全灯等。培养室温度为 16～20℃，通风透气以促进大薯形成。

（2）低温贮藏库。面积为 3 平方米，库内放置多层贮藏架，并配备塑料保鲜盒供试管薯存放，贮藏架及各层保鲜盒均要编号，以方便取试管薯时查找。

（二）试管薯生产工艺流程

脱毒试管苗→试管苗株系筛选（淘汰弱株系）→母株培养 25 天（液体培养基）→换入诱导结薯培养基→诱导匍匐茎两天（光照培养）→收集贮藏→应用。

（三）工艺要点

（1）试管苗筛选。选择生长势强壮、结薯早、块茎大的茎尖无性系试管苗。

（2）培养健壮的试管苗。培养根系发达、茎粗壮、叶色浓绿的健壮试管苗，才能获得高产优质的试管薯。选用适宜壮苗培养基是培养健壮母株的基础，培养基内加入 0.15%～0.5% 的活性炭，可以复壮细弱的试管苗，植物生长调节剂能促进壮苗的形成。调整培养基成分，能促进健壮试管苗形成。据李玉巧等报道，MS 培养基附加 1 毫克/升多效唑、0.7 毫克/升赤霉素和 0.2 毫克/升 6－苄基腺嘌呤，可获得马铃薯试管苗壮苗。

（3）试管薯母株培养。将带有 1～2 茎节的试管苗，去掉顶芽，细心接种在液体培养基上，试管苗茎段浮在培养基表面静止培养，切勿振动培养基，以防茎段淹入培养液内而窒息死亡。3～4 周后每个茎段发育成一株具有 5～7 节的粗壮苗时，进入诱导结薯培养基。母株培养要求培养室白天温度 23～27℃，夜间温度 16～20℃，每天光照 16 小时，光强度 2 000 勒克斯。培养瓶瓶塞要选用透气性好的，以利于气体交换，促进壮苗形成。用 100～250 毫升的培养瓶，每瓶装 15～25 株。母株培养一般需要 25 天。

（4）适合试管薯诱导的培养基。国际马铃薯中心推荐的试管薯培养基是：MS＋6－苄基腺嘌呤 5 毫克/升＋矮壮素 500 毫克/升＋蔗糖 8％。其中高浓度的蔗糖（6％～10％）是试管薯诱导过程中必不可少的条件，它具有调节渗透压的功能，并提供块茎形成时所需要的足够的碳源。

（5）诱导结薯培养。在超净工作台上将壮苗的培养基去除干净，然后换入试管薯诱导培养基，在光照下培养两天（促进匍匐茎的形成），然后转入黑暗中培养诱导结薯。3～4 天后试管内开始有试管薯形成。黑暗培养温度为 16～20℃，暗室要空气流通，以利于块茎发育。

（6）试管薯收获。试管薯诱导培养基含糖量大，收获后的试管薯离开无菌的培养环境，极易受病菌侵染。所以试管薯收获时要先将黏附在试管薯上的培养基冲洗干净，用自来水至少要冲洗 3～4 次，以减少真菌感染，防止烂薯。冲洗彻底的试管薯，要放在阴凉处晾干后，再放入透气的保鲜盒或保鲜袋，置于 4℃ 冷藏箱（室）内保存。经一定时间的休眠后，播种前取出，放在室温 26℃ 下黑暗处理 15 天发芽。

（四）降低试管薯生产成本

试管薯生产能量消耗最大的阶段是母株培养，此阶段可以采用日光节能培养室，充分利用自然能源，降低能耗，这种培养室光照度可达 3 000 勒克斯以上，且昼夜温差较大，有利于试管苗生长。北方地区春、秋季，日光培养室向阳面室温为 15 ~ 25℃，夏季向阳面要遮阴，背阳面室温为 25 ~ 30℃，只需冬季加温，可节省大量能源。

试管苗培养及试管薯诱导全部用液体培养，可简化生产程序，用食用白糖代替蔗糖，用软化的自来水（白开水）代替蒸馏水，不影响试管薯诱导的产量和质量。

四、脱毒马铃薯两种生产体系建设

马铃薯用块茎种植，用种量大，繁殖系数低。为使脱毒种薯尽快在生产上应用，使优质种薯源源不断地供给农民，提高马铃薯单产水平，建立马铃薯原原种、原种和大田良种生产体系是十分必要的。

（一）脱毒马铃薯三级良种繁育体系

1. 生产原原种

利用脱毒苗生产无任何病害的原原种，是良种生产体系的核心。生产原原种可利用脱毒苗移栽法、切段扦插法、雾化快繁法等，但目前最经济有效的方法是用脱毒苗在温（网）室中切段扦插。其优点如下。

（1）节省投资。脱毒苗切段扦插是把脱毒苗从试管繁殖改在防虫温（网）室中进行。这种方法不需要大量的三角瓶生产试管苗，也不需要大面积的培养室，并可节省大量的培养基。因此，可节省投资，降低成本，提高无病毒种薯的生产效益。

（2）繁殖速度快。脱毒苗移栽成活后切段繁殖速度很快。例如，小规模生产原原种，利用20瓶（100个苗）脱毒苗作母株，栽到温室或网棚中作切段扦插。每隔25～30天切段扦插繁殖一次。幼苗7～8节时按每两节为一段剪下扦插，苗基留一节和一片叶，使母株在剪切后继续生长。母株剪切两次后60天左右即可收获种薯。按每株平均每次剪切三个节段，每段含两个节，在二季作地区一般从9月中旬开始扦插，至翌年5月中旬为止，每个脱毒苗可连续繁殖8次。100个基础苗（母株）可繁殖1 968 300株。剪切两次可繁殖2 624 400株（即加入7次连续繁殖6 561株）。每株最少结薯两块，共生产小薯（原原种）5 248 800块。每亩种植原原种1万株，可种植35公顷，每亩收1 500千克，可收获一级原种786 000千克。可种植二级原种田419公顷。这样很快即可向农民提供优质种薯。

（3）方法简单。脱毒苗移栽成活后，切段扦插时把顶部节段和其他节段分开，并分别放入生根剂溶液中浸15分钟，而后扦插。生根剂可用市场出售的生根粉配制成溶液，也可用100毫克/升的萘乙酸溶液。扦插时把顶部节段和其他节段分别扦插于不同箱中。因顶部节段生长快，其他节段生长慢，混在一起生长不整齐影响剪苗期。扦插用1：1的草炭和蛭石作基质,与试管苗移栽时相同,并加入营养元素。扦插前基质浸湿,切段一节插入基质中,一节在上。每平方米扦插 700~800 株。扦插后轻压苗基,小水滴浇后用塑料薄膜覆盖,保持湿度。扦插时室温不宜超过 25℃。剪苗后对母株施营养液,促进生长。扦插苗成活后的管理与脱毒苗移栽后相同。

2. 生产原种

原原种生产成本高,生产的种薯数量有限,远不能直接用于生产。所以需要把原原种扩大繁殖,生产一级和二级原种。原种生产的规模比原原种大得多,不可能全用温室和网棚。虽然如此,但仍需要生产高质量的种薯,特别是一级原种应接近完全健康。因而,生产原种需要严格操作程序,特别是要选择适当的生产基地。原种生产田应具备的条件是:①地势高寒,蚜虫少;②雾大、风大,有翅蚜虫不易迁飞、降落的地方;③天然隔离条件好,如森林中间的空地,四周环山的高地,海边土质好的岛屿等;④无传播病毒和细菌性病害的土地。总之,为了保证原种质量,防止在种薯生长期间被病虫害侵袭,特别是蚜虫传毒,必要时应加强喷药灭蚜措施,力求达到原种生产标准,种薯标准如表 3-1 所示。

良种来自一级原种或二级原种。第一次用原种生产的种薯为一级良种,一级良种再种一次即为二级良种。一级原种的种薯量多时,可直接用来生产一级良种;一级良种的种薯量多时,可直接向农民提供种薯。农民生产的马铃薯只能供市场销售食用，不作种薯。但如果一级原种或一级良种的种薯量少，均可再繁殖一次到二级原种时才生产一级良种，把一级良种再繁殖一次的种薯（二级良种）供给农民生产上用，这要根据各地需要种薯量而定（图3-1）。

表3-1　各级种薯暂定质量标准　　　　单位:%

项　目	基础种			合格种	
	原原种	一级原种	二级原种	一级良种	二级良种
品种纯度	100	100	100	99	99
普通花叶病毒病	0	0	1	2	4
重花叶病毒病	0	0	1	3	5
卷叶病毒病	·0	0	0.5	1	3
纺锤块茎类病毒病	0	0	0	0	1
黑胫病	0	0	0.5	1	2
坏腐病	0	0	0	0	0
青枯病	0	0	0	1	2
晚疫病	0	0.1	0.5	1	2
缺苗	0	0	0.1	0.2	0.5

注：①各种病害为最大允许量；②摘自《中国马铃薯栽培学》；③生产良种。

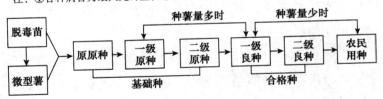

图3-1　马铃薯良种生产体系示意图

　　良种生产，可在生产条件较好的地点，与农民签订种薯生产合同。签订合同的目的，一是保证种薯的质量；二是保证种薯的数量。为了保证种薯质量，提供种薯的农民需要在种薯生长期间进行喷药防蚜，拔除病、杂植株；消灭田间传播病虫害的杂草；及时防治晚疫病和二十八星瓢虫等病虫害。提供种薯的一方还要履行合同中其他有关规定，如收获、贮藏、轮作年限、收交种薯时期等。在保证种薯数量上，因马铃薯不能长期贮藏，种薯生产需要以销定产。合同应明确规定提供种薯的农民对种薯数量负责，做到需求平衡。质量标准如表3-1所示。

总之，良种生产体系一旦实现，农民利用优质种薯即可得到保证，马铃薯的产量可大幅度提高。脱毒薯生产将大大提高农业的经济效益。

（二）马铃薯脱毒种薯户繁户用繁育体系

马铃薯用块茎种植，用种量大，繁殖系数低，通过茎尖脱毒快繁获得的原原种数量有限，须经几个元性世代的扩繁，才能用于生产。因此，只有建立和完善脱毒马铃薯种薯产业化生产体系（脱毒试管苗的快繁培养、原原种工厂化生产、脱毒种薯户繁户用繁育技术），才能使优质种薯源源不断地供应生产。

20世纪90年代中期，二季作区鲁南滕州市的马铃薯脱毒种薯加代扩繁全部在黑龙江、内蒙古等地区进行，这种从滕州到北方基地来回调运种薯的方式，存在问题较多，如继代繁殖期长，繁殖过程中易感病；繁殖成本高，不能尽快低成本地投入生产；长途调运损失大等。

近年来，滕州市农业技术推广部门根据滕州独特的地理条件，现行的农村耕作体制，以及市场经济发展的要求，为保证既能使农民迅速获得效益，又能在尽可能短的时间内繁殖出高质量、高数量的脱毒种薯，在研究脱毒种薯的病毒再侵染规律、蚜虫迁飞规律和脱毒种薯生产技术的基础上，建立了适于滕州农户的脱毒种薯繁育技术体系——户繁户用繁育体系。其操作程序如图3-2所示。

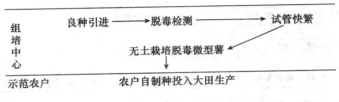

图3-2 操作程序

　　该体系根据滕州市马铃薯二季作区的特点，采取春早播、高密度、早收获，秋晚种、播整薯、创高产等栽培措施，进行两年三季保质留种，缩短了繁种年限，提高了脱毒马铃薯种薯质量。同时科研单位直接对准繁种农户，种薯生产一次到位，减少了中间环节，降低了繁种成本和调运成本，从而降低了种薯价格。科研单位、繁种农户和广大马铃薯种植户结成利益共同体，是一种新型的马铃薯脱毒种薯繁育体系。在户繁户用繁育体系中，农户购买60粒微型薯可生产一代原种8～15千克，二代原种130～240千克，一级种薯2 000～4 000千克，可满足1.3～2.6公顷的大田用种。在技术人员的统一指导下，由农户进行田间操作，生产的种薯质量可靠，农民放心，从根本上解决了品种更新缓慢、种薯退化严重、品种混杂等问题，促进了马铃薯生产向微型化、规模化、产业化发展。户繁户用繁育体系如图3-3、图3-4所示。

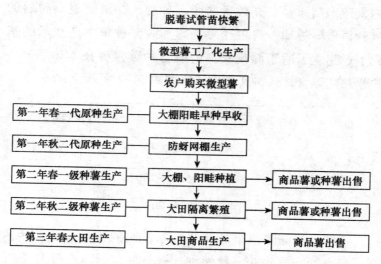

图3-3 马铃薯脱毒种薯户繁户用春季繁育体系

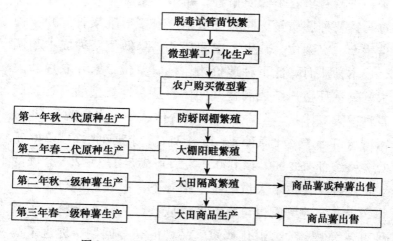

图3-4 马铃薯脱毒种薯户繁户用繁育体系

第四章 马铃薯的栽培技术

第一节 不同地区马铃薯种植的特点

我国地域广阔，东西南北的自然地理气候状况差别显著，马铃薯的种植条件也大不相同。为了种好马铃薯，各地农民根据当地的条件及对马铃薯习性的了解，调整播种时间，采用不同种植方式，尽量满足马铃薯的生长条件要求，因而各地区都获得了较好的收成。

在我国北方和西北地区，气候较寒冷，无霜期短，夏季气温不太高，雨热同季，或夏季雨少、春季干旱。这些地方的农民，春天播种秋天收获，一般是4月下旬至5月上旬播种，9月份收获，土地冬季休闲，一年只种一季。这个区域称为马铃薯一季作区。

在中原及中南部地区，也就是黄河、长江的中下游，无霜期较长，夏季气温偏高，秋霜（初霜）来得晚，气温逐步下降。这里的农民提前至1~3月份进行早春播种，至5~6月份气温开始上升时，马铃薯已到收获期，能获得很理想的产量。这一季种植的马铃薯就称为春薯。春薯收获后虽然还有很长的无霜期，但气温高，雨水多，不适合马铃薯的生长。春薯留作翌年种薯，贮藏期长达6~7个月，又正值高温季节，很难贮存；同时，春种生产的块茎种性又不好，不宜作种薯用。于是，农民便利用秋季气温下降的这一条件，于7月下旬或8月上旬把春薯再播种下去，于10月下旬或11月上旬的冬初收获。这些块茎由于是在较低温度下形成的，又都是少龄壮龄薯，种性较好，作为翌年春播的种薯非常好，因而形成了秋季生产种薯的栽培制度。同时，秋季生产的商品薯效益也很好。这一季称为秋薯栽培。这样，在一个区域内便出现了一年种两次马铃薯的生产，叫做马铃薯二季作区。

在华南、东南沿海和西南的东南部等地区，夏季很长，冬季温暖，长年无霜。冬季的月平均气温，大部为14~19℃，而且降雨也不是很多，因而种植马铃薯非常适宜。这个季节又正是水稻田的休闲期。当地农民利用这个季节种植马铃薯，于10月下旬至12月上旬播种，在翌年1月下旬或3月上旬收获完毕。产品除供当地菜用外，还大量出口我国香港特区和东南亚等地，产值很高。这个马铃薯种植区域，叫南方马铃薯冬作区。

我国西南部纬度较低，海拔很高，气候复杂，有的地方四季如春，有的地方四季分明，有的地方比较炎热。所以，这里是马铃薯混作区。

一、单季和二季作区马铃薯种植的技术特点

马铃薯的基本种植技术，在各个种植区内大体差不多，

但是由于各地自然地理、气候条件、种植习惯不同，每个区域都有自己的种植技术特点，只要把握住本地的种植技术特点，就能种好马铃薯并获得高产高效。

（一）一季作区马铃薯种植的技术特点

在一季作区，春季干旱是主要的气候特点，农谚有"十年九春旱"的说法。春天风大，气温低，积温少，大于等于10℃有效积温仅 1 900～2 300℃，春霜（晚霜）结束晚，秋霜（初霜）来得早，无霜期短，7月份雨水较集中。因此，春天播种前后，保墒，提高地温，争取早出苗、出全苗，便显得非常重要。一般多采用秋季深翻蓄墒、及时细耙保墒、冻前拖轧提墒、早春灌水增墒等有效办法，防旱抗旱保播种。播种时要厚盖土防冻害。苗前拖耢，早中耕培土，分次中耕培土，以提高地温。近年这一区域农民也采用盖地膜、小拱棚等保护地栽培的方法，提温、保墒争取时间，为马铃薯丰产丰收创造条件。这里由于七八月份雨水集中，又是晚疫病流行的良好条件，所以要及时打药防治晚疫病，厚培土保护块茎，减少病菌侵害和防止冻害的发生。

（二）二季作区马铃薯种植的技术特点

马铃薯二季作区，虽然无霜期较长，有足够的生长时间，但春薯种植仍要既考虑到本茬增产早上市，又不耽误下一茬。所以，要早播种，早收获，并选择结薯早、长得快、成熟早的品种。广大农民在生产实践中不断总结经验，改进、提高、创新，采取地膜覆盖、双膜种植、二膜一苫、三膜种植等保护地栽培方法，不仅提早了播种时间和收获时间，为下茬留下足够时间，还为提高产量和品质创造了优越条件。

秋薯播种正是 7 月下旬或 8 月上中旬，气温高、雨水多，播种后容易出现烂芽块和死苗现象。为了使秋薯出苗正常，达到苗全、苗壮，必须采取一些有效的技术措施。

1. 要做好种薯选择、处理和催芽等工作

可以选择 20～50 克健康小种薯作播种材料，以减少感染真菌、细菌病害出现烂芽块问题。切芽块时必须认真拌种消毒。播前搞好催芽，使芽块播到地里尽早出苗，减少土壤中病菌的侵害及虫害的发生。

2. 播种时间尽量往后推迟

在 8 月中旬进行，同时要选择好天气，不要在阴雨或高温天播种。播种后采取秸秆覆盖等降温措施。

3. 播种方法

要采取浅开沟、浅覆土的办法，沙壤土 8～10 厘米，壤土 6～8 厘米，使其尽快出苗，待出苗后再增加培土厚度，达到覆土厚度要求。

4. 加大密度

秋薯出苗后日照渐短，植株较春薯生长得矮，匍匐茎也短，所以播种密度要比春薯加密，可比春薯密度加大 20% 左右。特别是作为秋播留种的，增加密度，能生产出较好的小个种薯。

5. 注意保温

秋薯在接近成熟阶段，气温开始下降，应注意保温，许多地方采取扣小拱棚的办法延长其生长时间，可提高产量、提高质量、增加效益。

二、南方冬作区马铃薯种植的技术特点

种薯来源是这个区域的特殊问题。冬种后翌年 2～3 月份收获，但收获的块茎不能作种。一是因为收获的块茎是在高温下形成和生长的，种性极差；二是因为天气炎热，块茎无法贮藏至 11 月份再用于播种。所以，每年必须从北方的种薯生产基地调入合格种薯，才能保证质量，达到丰产的目的。

南方冬作马铃薯，大部分选用的土地都是冬闲的水稻田，而稻田湿度较大，有机质较高，都采取深沟高畦（沟深 20 厘米、沟宽 30 厘米、畦宽 90 厘米）种植法。将马铃薯种在畦面上，这样旱能灌、涝能排，能保证马铃薯生长条件要求。有的可以深耕细耙，有的也可以实行免耕法，只做高畦挖好排灌沟不用耕耙。

播种时间不宜过早，防止高温烂种，最理想时间是 10 月下旬至 11 月上旬。播种深度也不宜过深，5 厘米左右，或不开沟进行"摆种"，然后浅覆一些土，用稻草覆盖。南方冬季易下暴雨，下过雨后及时排干沟中积水，干旱时浇水采取沟中灌水，渗透畦面，水不可上到畦面，只到沟深一半即可。1 月份低温，注意防止低温冷害。

三、西南混作区马铃薯种植的技术特点

我国西南马铃薯混作区，低纬度，高海拔，有的地方四季如春，有的地方四季分明，是复杂多样的立体气候区。马铃薯种植有冬作，在 10 月份左右播种，2 月份左右收获；小春作，12 月末至翌年 1 月初播种，4 月末左右收获；早春作，2 月份播种，6 月份收获；秋作 7～8 月份播种，11 月份收获；春作 3～4 月份播种，8～9 月份收获。四季都有马铃薯播种，四季都有马铃薯生长，四季都有马铃薯收获，周年都有鲜薯供应。这里具备了各种植区的特点。马铃薯品种是自成体系，基本不用从北方大调大运。这里的马铃薯品种大都具有较好的抗病性，特别是抗青枯病、抗晚疫病、抗癌肿病等。另外，西南地区地理复杂，山高坡陡，大部耕地在山上，脱毒种薯由于运输困难，有推广难度，所以杂交实生种子由于用种量少、便于运输、贮藏、自然不带病毒、抗病高产，农民易于接受，所以马铃薯杂交实生种在这里很有推广前景。

第二节 一季作区马铃薯栽培技术

一、露地栽培技术

（一）备耕

（1）选地。多数类型的土壤都适宜栽培马铃薯。但并不是都能产生出较高的经济产量。土壤的质地、理化性质、

板结程度都是影响马铃薯产量的重要因素。马铃薯种植的适宜土壤条件是：活土层深厚、土壤疏松肥沃、排水良好、pH 在 5.2~6.5 之间的质地适中的沙壤和轻质壤土。

（2）选茬。马铃薯的前茬以谷子、麦类、玉米茬最好，其次是高粱、大豆。在菜田里，最好的前茬是葱、蒜、芹菜、胡萝卜、萝卜等。而番茄、茄子、辣椒、白菜、甘蓝等因多数与马铃薯感染共同的病害而不宜作马铃薯前茬。

（3）整地。马铃薯是浅根系作物，大部分须根分布在30~40 厘米土层内。深耕整地是改善土壤水肥气热的有效措施。以秋整地为好，一般耕深25~30 厘米，要整平耙细。

（二）播种准备

（1）种薯的选择。优良种薯的条件是：①具备本品种优良性状，无混杂现象；②通过规范的繁种程序生产出的种薯；③没有感染当地主要病毒及真菌、细菌病害；④无或有少许机械损伤；⑤无畸形薯；⑥块茎大小 40~250 克；⑦贮藏良好，没有受低温、伤热、缺氧影响；⑧生理年龄适中。除病毒病可以大幅度降低产量外，生理年龄也是影响马铃薯生长发育、产量和品质的另一重要因素，它决定着出苗时间、主茎数、块茎数量、大小、成熟期及产量。因此商品薯生产中应选择壮龄、幼龄种薯，使主茎数在 3~4 个获得高产。那么老龄薯产生的主要因素是种薯生长条件，如高温、干旱、水肥胁迫、病害等。此外，贮藏运输过程中的损伤、变温也将促进薯龄老化。

（2）困种、催芽。一困种：一般于播种前 2~3 周出窖，在 13~15℃散射光条件下，散堆或袋装，要定期翻动保证受光受热均匀。二催芽：于播种前 3~4 周在 15℃条件下，种薯的厚度一般在 3~5 层，并定期翻动以保证催芽均匀，人工播种芽长 1 厘米，机械播种 0.5 厘米。三切块：种薯切块一般在播前 2~3 天进行，切块大小通常在 30~50克。大薯块有利于高产，特别春旱地区有利于出苗，增强抗旱能力。竖切可以利用顶芽优势，但种薯过大或椭圆形，切块应先从脐部开始，切成楔形保证每个薯块带 1~2 个芽眼。切块时要剔除病薯，还应采用切刀消毒的手段防止病害的传播，常用 0.1%高锰酸钾、1∶200 漂白粉溶液进行切刀消毒。切后要用药剂处理，目前常用的药剂有甲霜灵锰锌、百菌清、多菌灵等，切好的薯块应保持在 14~16℃，80%~90%湿度并通风良好条件下，以加速伤口愈合。

（三）适时播种

（1）播种时期。一般当地终霜前 20~30 天，气温稳定通过 7~10℃时，或者 10 厘米土层稳定通过 6℃即可播种。

（2）播种深度。一般 7~12 厘米（薯块到垄顶距离），要根据土壤条件、墒情、播期等具体情况确定。

（3）种植密度。应依据品种、用途、土壤类型、肥水状况、耕作栽培水平的等因素确定种植密度，一般早熟品种亩保苗 4 500~5 000 株，中晚熟品种亩保苗 3 500~3 800株。

（四）施肥

（1）需肥特点。马铃薯是高产作物，因此，需要的营养物质较多。肥料三要素中，以钾的需要量最多，氮次之，磷最少。每生产 1 000 千克马铃薯块茎约需要纯氮 5 ~ 6 千克、纯磷 1 ~ 3 千克、纯钾 12 ~ 13 千克。

（2）施肥方法。①氮肥应该分期施入。一般是将 40% ~ 60% 的氮肥于播前和播种时施入，其余 60% ~ 40% 的氮肥于出苗后分期追施。尤其在沙土或沙壤土上分期施入，可以减少养分流失，更有效地及时补充营养达到增产的目的。②磷肥具有促进植株对氮的利用，促进根系生长和块茎形成。同时，磷肥不容易随水流失，所以通常全部全量磷肥可以在播前和播种时一次施入。③钾肥分期施入可以提高肥效。一般是将 70% ~ 80% 的钾肥于播前和播种时施入，其余 30% ~ 20% 于苗期追施。④根外追肥具有补充根部养分吸收不足、避免土壤固定、淋溶、肥效高、吸收快、针对性强等特点，可用于基肥不足的补充。

（3）施肥量。合理施肥是个较复杂的问题。施用比例和数量应依据土壤质地、栽培水平、灌溉能力、产量目标等因素确定。配方施肥与传统经验施肥相比更具科学化、合理化、定量化。应按照测土结果实施配方施肥，做到有机肥与化肥的结合、氮磷钾与中微量元素的合理搭配。

实践表明，有机肥与化肥配合施用，可以培肥地力，提高肥效，增加产量，降低成本。一般每亩施入优质农家肥 1 000 ~ 2 000 千克。化肥用量也应根据土壤肥力来确定，一般中等肥力的沙壤土地块每亩施入纯氮 5.3 ~ 6.6 千克、五氧化二磷 5.3 ~ 8 千克、氧化钾 20 ~ 26.6 千克。

（五）田间管理

（1）发芽期管理。一般为 20～30 天。播后 2～3 周内的管理应集中在除草上。一是用轻型锯齿耙捞去垄上土，其作用是可以去掉发芽的杂草，加速出苗。但作业时要注意芽长，以避免伤害幼芽。二是化学药剂苗前除草。常用的药剂有金都尔每亩 100～120 毫升，加塞克 400～500 毫升进行封闭除草。此期间田间最大持水量应在 40%～50%，对于低于 40% 的地块应播前灌溉造墒。

（2）幼苗期管理。幼苗期也称团棵期。是从出苗到第六个叶或者第八个叶片展平，一般 15～20 天。这个时期植株每天大约增高一厘米左右。虽然此期茎叶干重只占总干重的 3%～4%，而且时间较短，但一生的同化系统和产品器官都在此期分化建立。因此，要通过除草、中耕、追肥、灌溉等促根壮苗管理措施保证根茎叶协调分化与生长。

（3）发棵期管理。发棵期是从团棵期开始到封顶叶展平。早熟品种一般为第 12 个叶，中晚熟品种第 16～18 个叶，20～30 天。这个阶段植株每天增高 1.8～2.7 厘米。此期前期是以建立强大的同化系统为中心，并逐步转向以块茎生长为重点。该期是决定单株结薯多少的关键时期，所以各项农艺措施都要围绕这一中心开展。田间管理重点是加强水肥管理，保持田间持水量 65% 以上，以利养分吸收。除草和中耕培土是主要措施，此期通常进行两次中耕培土，在植株封垄前培土高度要达到 15～20 厘米。通过中耕厚培土来控秧促薯，促进由茎叶生长为中心向块茎生长过度。

（4）结薯期管理。此期主茎生长已经完成并开始侧芽生长，逐渐进入以块茎生长为主的结薯期。一般可持续 30 ~ 60 天。块茎的形成一般早熟品种是从现蕾期到始花期，中薯品种则从始花期到盛花。产量的 80% 是在此期形成的。需肥需水达到峰值，田间保持有效持水量 80% ~ 85%。此期关键的农艺措施是防病保叶，尽量保持茎叶不衰，保证有强盛的光合产物向块茎转运和积累。

（六）收获与贮藏

（1）灭秧。①灭秧方式。人工割秧或机械滚压、药剂杀秧。②灭秧时间。当正常生长植株的叶色由绿逐渐变黄转枯时，标志着马铃薯的生理成熟。为便于收获，一般割秧在收获前一周，把植株地上部分全部割倒，以利于田间水分蒸发，使田间持水量低于 30%，便可以收获。

（2）收获与贮藏。①收获。收获时要注意晴天抢收，不要让薯块在烈日下暴晒，以免使马铃薯发青，影响品质。②贮藏。入窖前要做好预贮措施，很好地给予马铃薯通风晾干条件，促进后熟，加快木栓层的形成，严格选薯，去净泥土等。预贮可以就地层堆，然后覆土，覆土厚度不少于 10 厘米；也可以在室内盖毡预贮，以便于装袋运输或入窖。预贮时一定不要让薯块被晒和被淋。入窖时要尽量做到按品种和用途分别贮藏，以防混杂，并经过挑选去除烂、杂、畸形薯，然后入窖。马铃薯入窖前要对贮藏窖进行消毒和通风，温度控制在 1 ~ 3℃；湿度最好控制在 85% ~ 90%，湿度变化的安全范围为 80% ~ 93%；暗光。为保持窖内空气清洁,应适当通风。商品薯或加工薯要求避光条件。

二、早春地膜覆盖栽培技术

(一) 选地整地

(1) 选地要求。地势平坦的缓坡地,坡度在 5~10 度;土层深厚,土质疏松,保肥水能力强,有水源,并且排灌方便;肥力中等以上。不可选陡坡地、石砾地、沙巢地、瘠薄地和涝洼地。

(2) 整地要求。在深翻 20~25 厘米且深浅一致的基础上,细整细耙,使土壤达到深、松、平、净的要求。具体做到平整土碎无坷垃、干净无碎石、无茬子、无杂物、墒情好。必要时,可以先灌水增墒,然后整地。

(3) 按配方施肥。①配方施肥、喷农药作用:提高地温,加快出苗,促进成熟,增加产量,提早上市,消灭杂草。②方法:选择适于种植马铃薯的地势平坦地块。按配方施肥技术,施足底肥和种肥及防治地下害虫的农药。播种后,喷施除草剂,然后覆膜,贴紧地面,用途压实,不要漏缝,膜上要平整。

(二) 田间管理

(1) 引苗。不论是先播种后覆膜还是先覆膜后播种,都必须进行引苗。引苗有两种做法。①压土引苗。即薯芽在土中生长至 5~6 厘米厚,从床沟中取土,覆在播种沟上 5~6 厘米厚,轻拍形成顺垄土梗,靠薯苗顶力破膜出苗。

②破膜引苗。当幼苗拱土时，及时用小铲或利器，在对准幼苗的地方，将膜割一个 T 字形口子，把苗引出膜外，用湿土封住膜口。检查覆膜：在生长过程中，要经常检查覆膜。如果覆膜被风揭开，被磨出裂口或被牲畜践踏，要及时用土压住。

（2）喷药。在生长后期，与传统种植一样，要及时打药防治晚疫病。

（3）后期上土。在薯块膨大时，注意上土，防止出现青头，影响质量。

（4）覆膜程序。总的来说，覆膜种植马铃薯的连贯作业程序有两种：①深翻→耙耢整地→开沟→施入肥料、杀虫剂→封沟搂平床面→喷洒除草剂→铺膜压严→破膜挖坑→播种→湿土封严膜孔。②深翻→耙耢整地→开沟→施入肥料、杀虫剂→播种→封沟搂平床面→喷洒除草剂→铺膜压严。

（5）注意事项。①掌握好播种期。覆膜种植比传统种植出苗快，一般可提早 7 天左右。所以播种时间要尽量使出苗赶到晚霜之后。在北方尤其注意不能播得太早。②覆膜种植时，种薯最好要经过催芽或困种，使种薯幼苗萌动后再播种。③覆膜种植的种薯芽块要大，以每块达到 40～50 克为最好。也可用小整薯播种，这样可以使单株生长旺盛，更好地发挥增产潜力。

第三节 二季作区马铃薯栽培技术

一、二季作区脱毒薯春季栽培

二季作区主要是创造脱毒薯早播种、早生长、早收获的环境条件，争取在传毒蚜虫迁飞之前收获，以保证脱毒薯质量。

（一）播种期

中熟品种如春薯 3 号、克新 2 号于 2 月份播种，早熟品种如津引 8 号、鲁引 1 号、东农 303 于 2 月下旬或 3 月初播种，5 月中旬收获。

（二）种薯处理

立春前将种薯放在室内或大棚内暖种催芽，温度保持在 20 ~ 25℃之间，白天最高不超过 30℃，晚上不低于 10℃，空气相对湿度保持在 60% ~ 80% 之间；早熟品种经 15 ~ 20 天，中熟品种经 20 ~ 30 天，在芽长 2 ~ 3 厘米后切块，每块至少有一个芽，切块重不小于 20 克。

（三）整地播种

每亩施用农家肥 1 500 千克以上，均匀撒施在地面上，然后深翻入地内再进行浅耕耙耢起垄，如南北向开沟起垄宜采用双行垄作：垄距 90 厘米，垄背宽 40 ~ 45 厘米，垄背上种双行，行距 30 厘米，株距 23 ~ 25 厘米，双行错窝（穴）播种。如东西向开沟起垄宜用单行垄作：垄距 60 厘米，株距 20 厘米。播种时，在整好的地面上开沟，沟深 5~7 厘米。然后顺沟浇足水，待水完全下渗后，用尺等距离点播在播种沟内，然后在种块与种块之间的空隙地上每亩施复合肥 40~50 千克，硫酸钾 10~15 千克。并每亩顺沟撒施辛硫磷颗粒剂 2~3 千克，拌细土施入，防治地下害虫。最后培土覆盖成垄。

（四）双膜覆盖增温保温保湿

播种覆土盖种时整平整细垄面覆土，喷洒除草剂，用 48% 拉索乳油 150~200 毫升，或 50% 施田补乳油 175~250 毫升兑水 50 升均匀喷雾，喷后立即盖上地膜，然后用 3~4 米长的竹片（棍）作拱架搭小拱棚盖薄膜。

（五）田间管理

1. 播种至出苗期

从播种到出苗这段时间，地温、气温都较低，因而出苗期一般长达 15 天左右。管理上应早揭晚盖草帘（苫）以提高地温促苗早出，出苗后及时破膜引苗，防止高温烧坏幼苗。

2. 幼苗期

该期一般不浇水，若遇过于干旱天气，可在团棵时灌水。此时已到 3 月中下旬，气温显著升高，若白天棚内气温超过 30℃，应揭开两头的棚膜通风降温，如晴天中午垄的中部温度不能降至 30℃ 以下，还需将一侧薄膜卷起放入另一侧，日落前盖上薄膜，上面还需加盖草帘（苫）。早揭晚盖，增加光照时间，促进幼苗粗壮生长。

3. 发棵期

从团棵至开花这段时间管理上应促进生长和控制生长结合应用，促进植株健壮生长，为高产奠定基础，防止茎叶徒长，适时转入结薯期。团棵后茎叶生长迅速，需水量大，应根据墒情浇水，一般情况下每10天浇水一次。春分之后，晴暖天气晚上不盖草帘，保持较低夜温以利结薯。但若遇寒流则必须加盖草帘防冻。清明之后撤掉棚膜，撤膜后至收获之前，应定期喷药防蚜虫传毒，并在现蕾期喷洒甲霜灵等农药防治晚疫病。若植株徒长，应在现蕾期喷洒50～100毫克/升的多效唑调节剂控制徒长。

4. 薯块膨大期

从开花至收获这段时间是薯块膨大期，是马铃薯一生中需水量最大的时期，约占全生育期用水量的2/3；而开花期及开花后一周的这段时间是需水敏感期，水分不足会严重影响产量。因此，该期的管理重点是水分管理。如土壤缺墒，早熟品种应浇好初花、盛花、末花期三水，中熟品种应浇好盛花、末花、花后7～10天的三水，同时注意喷药防治病虫害。

5. 收获

收获前7～10天停止浇水以防烂薯。作为种薯，可以不等茎叶枯黄、充分成熟而提前收获，一般应在有翅蚜虫大量迁飞前（5月下旬）收获。收获时，刨（挖）出的薯块严防曝晒，宜在阴凉处晾1~2小时，使水汽蒸发然后袋装，放在阴凉通风处贮藏。

二、二季作区脱毒薯秋季栽培

秋马铃薯生长期间的温度是由高到低，日照时间由长到短，雨量由多到少，播种时正值高温多雨季节，病菌繁殖快，容易烂种缺苗，所以早出苗、出壮苗、保证全苗很重要。但早出苗又易导致蚜虫传毒，而秋季生长季节短，为避蚜虫传毒并使秋季有足够的生长时间、保证产量，秋季栽培需适时播种延迟收获期。

（一）播种期

早熟品种宜在8月中旬播种，8月下旬齐苗；中熟品种宜在8月上旬播种，8月中旬齐苗。

（二）种薯处理

秋季栽培的关键在于催芽，做到催大芽、壮芽，争取一播全苗。在播种前8~10天，选择无病无伤的脱毒薯，切成20~25克重的薯块，切块后立即放到0.5~1毫克（小整薯为5~10毫克）的赤霉素（用少量酒精溶解）加一升水的溶液中，浸10~15分钟后捞出，用清水冲洗一遍，然后放到通风阴凉处将切面向上摊放晾干。注意赤霉素浓度不能太高，浸泡时间不能太长，以防长出纤长细弱芽，生活力不强。需掌握好切块表面的水分干湿度，方法是用食指轻触切面，感到无丝毫黏意，而食指轻轻滑过切面、感到滑溜溜的为宜。

将晾好的薯块放入干净的湿沙中催芽。注意沙的湿度用手捏成团、手松能散为宜。先在地面上铺 2~3 厘米厚的沙，把薯块芽眼向上排成一层，不要重叠排薯块，然后加盖 3~4 厘米厚的沙，再在沙面上排上一层薯，依此共排 4~5 层。最上层和四周盖沙 5~6 厘米厚，并在沙上面盖草帘或薄膜保湿。7~10 天后，芽长 3~4 厘米时扒出播种。

（三）整地播种

方法同春播，只是密度加大，株距 15~20 厘米，行距 55~60 厘米。为防止播后遇雨烂种，应随播种随起垄，种薯至垄顶覆土 8~10 厘米厚，使种薯处于中心部位。阴天或晴天傍晚或清晨播种，上午 9 时后停止播种，以防晒热的土盖在薯块上，使薯块受热腐烂，播种后最好用青草覆盖，以遮阴降温。

（四）田间管理

一是播种后出苗前若遇大雨，应注意排水，雨后及时中耕除草，散墒，促进出苗；遇旱一般不浇水。一般播种后 10 天左右齐苗，从齐苗至团棵若久旱无雨，可在幼苗 5~6 片叶时浇水，浇水后立即进行浅培土。浇水时勿使水漫过垄顶造成土壤板结透气性差，板土阻碍出苗。出苗后注意喷药防治病虫害。

二是团棵后茎叶生长迅速，浇水次数可适当增加，保持土壤见干见湿。现蕾时每亩喷施 100 毫克的多效唑，配合喷施杀毒矾或甲霜灵 600~800 倍液防治晚疫病。现蕾后连喷 2~3 次 0.5%~1% 的磷酸二氢钾溶液，并根据天气情况浇水，以促进结薯。

三是进入开花期后，地下薯块迅速膨大，要保证充足的水分供应，要连浇 2 ~ 3 次水，每隔 10 ~ 15 天浇一次，同时结合防治蚜虫、菜青虫等，叶面喷施 0.3% ~ 0.5% 的磷酸二氢钾可促薯块膨大，霜降前后停止浇水。

（五）收获

为了增加生长时间、提高产量，可以适当延迟收获，在 10 月底或 11 月初浅霜来临后、地上部全部枯死时，选择晴朗天气收获。也可以在 10 月下旬加盖小拱棚保温延迟至 11 月中旬收获。

第四节　微型薯栽培技术

一、适宜种植区域

脱毒微型薯（原原种）体积微小，含养分和水分少，生产潜力大，但抗逆力较差，发芽较迟，出苗较晚，生长发育前期生长较慢，中后期生长快，对环境条件要求比较严格。

海拔 1 000 米以上，气候冷凉，昼夜温差大，积温低，无霜期短，自然隔离条件好，可防止蚜虫侵袭，有水源以满足马铃薯生长对水分的需求，生长期内日照时间长，交通便利可以为基地的调种提供便捷的通道，节省运输费用。

二、选择适宜当地种植的、脱毒效果好、品种基础产量高、退化慢的脱毒种薯

品种有地域性，一定要按照当地的气候条件，选择适宜马铃薯生长发育期长短和市场需求的品种，在了解品种的生育期、抗逆性、抗病性、生产力、商品性状知识的基础上，选用对于当地主要病毒（害）具有抗性并适合当地种植的高产、优质、抗病良种。二季作地区以引进自然生理休眠期较短的中熟品种为好，在二季作地区种植春、秋两季都获高产，并能解决二季作地区就地繁种、留种、保种难题。在引进早熟品种时，除考虑早熟性外，还应考虑块茎膨大期和生产潜力，如陕西省安康市引进早熟种、中早熟种、中熟种 13 个，进行品种比较试验，于 2003 年 12 月 10 日地膜栽培，2004 年 4 月 25 日收获，生育期 53～58 天（出苗至收获）。产量结果表明，中熟品种文胜 4 号分别比早大白增产 11.4%，比费乌瑞它增产 12.8%，这主要是文胜 4 号块茎形成早，膨大快，抗病毒性强，退化慢。

三、选地和整地

1. 选地

选择 3 年以上未种过马铃薯、烟草、番茄、茄子、辣椒等茄科作物的轮作地，土层深厚，土壤肥沃疏松，富含有机质，中性或微酸性的平地或坡度 25 度以下的缓坡地，并且远离食用薯、商品薯种植地 500 米以上。

2. 精细整地

整地是改善土壤条件最有效的措施。马铃薯根系发达，穿透力差，深耕可使土壤疏松透气，应在冬季前深耕翻地20～25厘米，播种前浅耕打碎土块，整地做到地平土细，上实下虚，起到保肥、保湿、抗旱作用，以利于出苗整齐，苗全苗壮。有条件的地方最好在深耕前地面撒施有机肥（土肥、圈粪），耕翻入土内，供给植株生长的养分。有地下害虫危害的地块，深耕时地表每亩喷施50%辛硫磷乳剂1 500倍液，或用0.5千克辛硫磷拌细河沙50千克，均匀撒于土壤表面，再深耕，防治地下害虫。

四、施足基肥

科学施肥是提高植株抗性和增产的主要措施，氮磷钾三要素对马铃薯的生长与块茎形成膨大具有不同的生理功能。氮肥过多时茎叶徒长而延迟结薯，增加了病毒感染概率，易使感染病毒症状隐蔽，增加了拔除病株的困难；而少施氮肥则易引起早衰。氮肥要适量，适当增加磷钾肥，可促进结薯与成熟，使植株提早进入较抗病毒的生理生长时期。基肥以施有机肥为主，配合施用相应的磷钾化肥，每亩施用优质圈粪2 500～3 000千克，或优质农家粪1 000～2 000千克，与磷酸二铵20千克、硝酸钾20千克、碳酸氢铵20千克混合均匀，撒施或集中条施于播种沟内，最好是根据土壤肥力及产量要求进行配方施肥。

五、整薯催芽

微型薯很小，切薯容易使水分丢失，使切块干缩，出苗困难。整薯就是一个小的营养库、小水库，可供芽苗生长利用，抗旱力强容易出苗。病毒易于感染幼龄植株，在幼嫩植株中繁殖运转速度快。随着株龄的增加，病毒在植株体内繁殖运转速度减缓。马铃薯块茎开始形成时对病毒既不易感染植株，也很难在块茎中积累。催芽播种结合地膜覆盖，可显著提高地温，能提早出苗，促进植株快速生长发育，进而提高植株的抗病能力。微型薯休眠期长，一般为期3个月以上，只有打破休眠的种薯才能正常发芽生长。微型薯一年内多茬收获，同一批收获的微型薯大小不同，生理年龄不同，其休眠期也不同。因此，为保证其出苗整齐，播种前要经过自然休眠、赤霉素溶液浸种催芽等，使全部微型薯具有0.5厘米以上的健壮芽才可进行播种。

（一）自然休眠

将不同收获时期的微型薯在播种前90天取出来，置于20～30℃的温度条件下，令其自然通过休眠。在播种前20天，将微型薯置于15～20℃的室内进行黑暗催芽。由于顶端优势作用，多数小薯只在顶端生一个芽，然后置于散射光下，使小薯变成绿色短壮芽时播种。

（二）赤霉素溶液浸种催芽法

在北方收获两个月的微型薯，浸泡在1克赤霉素（先用少量酒精溶解）兑水33升或1克赤霉素兑水20升的赤霉素溶液中，经30分钟捞出进行沙埋，一层沙子一层薯，堆放厚度以 3 ~ 5 层为宜，保持一定温度，等全部薯块发芽后，摊放在散射光下，待形成绿色短壮芽时播种，以防幼芽操作脱落。在南方宜用 0.5 ~ 1 毫克赤霉素（用少量酒精溶解）加水 1 升配成的溶液浸种，10 分钟后捞出晾干，置于室温 18 ~ 20℃的条件下催芽，待长出 1 ~ 2 厘米小芽后放于散射光下，使其变成绿色短壮芽播种，未发芽的微型薯要取出重新催芽。

六、精细播种

（一）适时播种

在 10 厘米地温稳定在 6 ~ 8℃时即可播种，在适期范围内可适当延迟或提早播种。地膜覆盖的可提前播种，以防后期地温升高烧坏薯芽。具体时间以避免早春晚霜危害及后期高温影响为宜，依据当地气候确定具体播期。

微型薯生长出苗力弱，土壤水分不足会使薯芽干缩死亡造成严重缺苗，土壤含水量以保持在 60% ~ 80% 较适宜，播种前遇干旱应浇透水，到墒情适当时播种。也可在开沟播种前顺沟浇淡粪水，然后盖细土 5 ~ 6 厘米厚再播种，以防粪与种薯接触烧坏薯芽。

（二）合理密植

微型薯大小差别较大，应分级播种。每亩适宜播种密度 1.5 克以下的微型薯为 12 000 株，1.5 ~ 3 克的微型薯为 6 000 ~ 9 000 株，3 克以上的微型薯为 6 000 株以上。

（三）垄作栽培

垄作具有出苗早、薯块大、产量高、病毒轻、烂薯少等优点。因为马铃薯块茎全身布满气孔，要求深厚疏松透气的土壤环境。垄作栽培有利于将疏松的表土起垄加厚，增加受光面，提高早期地温，防止播种后遭冻害，昼夜温差大，有利于养分向块茎运输积累；土层深厚，地下茎增长，增加结薯层，有利于多结薯、长大薯；块茎不易外露变绿和形成植株；遇雨易排除田间积水，避免薯块受渍腐烂损失。

据浙江省缙云县试验，高垄栽培鲜薯每亩产量比平畦栽培增产 182 千克，增产幅度为 19.03%。

垄作方法是在深耕细作的基础上做垄，垄高 20～25 厘米，垄沟宽 15 厘米，垄宽 75～85 厘米（包括垄沟），垄面与播种的薯块距离 15～20 厘米，小行距 30 厘米，株距为 12～15 厘米，播种深度 8～10 厘米。按行距拉绳开沟起垄，地膜覆盖要求在播种覆土时，把垄面表土耙平，无坷垃，无残茬，以防割破地膜。

（四）开沟施种肥播种覆盖细土

种肥磷酸二铵 10 千克、尿素 5 千克、硫酸钾 5 千克混合均匀集中施于沟底，上盖 6 厘米厚的细土，以防肥料与种薯接触烧坏薯块，播种后覆盖肥沃疏松的细土 8～10 厘米厚，以利于出苗。

（五）墒足、喷施除草剂、覆盖地膜

土壤缺墒不利于扎根长苗。在土壤水分充足的基础上，每亩喷施48%拉索乳油300克，或60%丁草胺100~134毫升，施药后覆盖地膜。覆盖地膜要拉伸展平，四周壅土压实四边，膜上每隔3米压一横土埂，以防大风揭膜。干旱、半干旱区为了蓄积雨水可在前作收获后，精细整地，重施有机肥。到降雨足墒时，覆盖地膜。打孔播种，充分发挥地膜的保水防旱作用。

七、田间管理

（一）适时打孔放苗

地膜覆盖马铃薯出苗后，看天气情况放苗。晚霜未过、气温偏低容易发生霜冻时，要根据苗情延迟放苗，但微型薯出苗细小，当气温升高时就要及时打孔放苗。

放苗时间太晚，幼苗易被烧坏而降低产量。出苗孔不宜太大，放苗孔植株周围要用土压实封严，以防冷空气进入，降低保温保墒效果。

（二）防霜冻害

地膜覆盖马铃薯会因出苗太早遇上晚霜或降雪危害而影响产量。将播期安排在晚霜后，可以及时壅土护苗或追肥恢复生长，防止霜害造成损失。晚霜期间幼苗高大时，要掌握好天气变化，收听天气预报或者观察天象。如遇西北风，夜间天气晴朗无云，温度明显下降，则有降霜的可能。如天空阴云密布，云层厚而气温明显降低，则有降雪的可能。在降霜或降雪来临前，可在地膜上的马铃薯幼苗之间放上少量的稀疏稻草、麦秸或玉米秆，然后再加一层地膜，等晚霜过后或化雪后撤除。还可在降霜或降雪前在地膜上用竹棍或竹片搭棚盖上薄膜或地膜，防止霜或雪与幼苗直接接触，避免冻害。

（三）中耕除草培土

未覆盖地膜的马铃薯杂草比微型薯出苗生长快，为改善幼苗出土生长环境，应拔除一次杂草，或用除草剂乙草胺在土壤表面喷雾灭草。出苗后幼苗 4～5 片叶（团棵期）时结合中耕浅培土进行一次除草，8～10 片叶时结合中耕浅培土进行第二次除草。除草培土以多次少培土、不压幼苗基部叶片为宜，为苗期生长创造良好的环境条件，使植株进入快速生长期，对增产起决定作用。

（四）追肥

出苗后幼苗4～5片叶时酌情每亩施尿素3～5千克，硝酸钾 5 千克；现蕾开花期叶面喷 1% 磷酸二氢钾，0.5%～1% 尿素。

第五章　马铃薯病虫草害防治技术

第一节　马铃薯病虫害的综合防治

一、选择抗性的品种

选择抗性品种是防治马铃薯病虫害最经济、最有效的措施。由于马铃薯的种质资源十分丰富，可供利用的优良性状很多，经过育种家长期不懈的努力，已经育成了很多抗性品种。目前可用于生产上的抗性品种有抗晚疫病品种、抗病毒品种、抗旱品种、抗线虫品种、抗疮痂品种、耐盐碱品种、耐低温品种等。有些品种能抗一种病虫害或不良环境因素，有些品种还可能同时具备对多种病虫害或不良环境因素的抗性。

在选择抗性品种时，首先，要考虑什么是当地马铃薯生产的主要问题。例如，在我国南方温暖湿润的马铃薯生产地区，在选择马铃薯品种时首先要考虑的是抗青枯病，其次是抗晚疫病，然后再考虑抗病毒和其他病虫害。而在我国北方干旱地区，在选择马铃薯品种时，首先则应考虑对干旱和病毒的抗性，因为这是该地区马铃薯生产中最主要的问题。

二、选用健康的种薯

品种确定后，种薯的质量就是决定马铃薯生产最重要的因素了。健康的马铃薯种薯应当不带影响产量的主要病毒；不含通过种薯传播的真菌性、细菌性病害及线虫；有较好的外观形状和合适的生理年龄。

据报道，通过种薯传播的卷叶病毒，严重时可使马铃薯产量下降90%，如果种薯同时带有许多病毒，产量下降比只带一种病毒时更严重。种薯带病是马铃薯晚疫病和青枯病最主要的侵染来源。带病种薯还可能是马铃薯块茎蛾、金针虫和线虫等的传播源。通过带病种薯可能将马铃薯癌肿病和环腐病传播到无此病害的地区。

在那些尚不能得到高质量种薯的地区，薯农可以通过田间无性系选择方法获得相对健康的种薯，即标记田间表现健康的植株并单独收获，或在田间拔除感病株保留健康植株直到收获；经常使用杀虫剂以及在种薯切块时对刀具消毒以减少传染病；避免过多的田间操作以减少病原物接触传播的机会。

三、选择健康的土壤

健康土壤是指能提供马铃薯健康生长的环境条件，即土壤具有均衡稳定的水、肥、气、热条件并不含影响马铃薯生长的各种致病因子。

土壤是多种病虫害的温床，这些病虫害主要有马铃薯晚疫病、青枯病、癌肿病、疮痂病、线虫、地老虎和金针虫等。与非寄主作物轮作是一条最有效的防治土传病害的措施。通过 4 年以上的轮作可基本消除土壤中青枯病的危害，轮作 5 年以上，可基本消除癌肿病的危害。但并非所有马铃薯生产地区都有条件进行长期轮作（3~5 年），因此，一旦出现土传病害很难将土壤恢复到健康状态。

四、土壤处理

介于青枯病、早疫病、茎基腐病、根腐病同时具有土传特性（土壤或土壤残留病残体带菌），加之病菌在土壤中存活时间较长，有时多达 3~5 年之久，因此在生产中除注意合理安排茬口间隔时间外，播前 3~7 天结合整地进行土壤处理至关重要。目前效果较好的土壤处理剂有 70% 福美双、70% 代森猛锌可湿性粉剂，以及 40% 菌核净、苗壮壮、重茬王等药剂。

五、切断传染

由于目前生产用种质量难以保证，病健薯相互接触和通过切刀传染的几率仍比较高，因此为减少传染起见，除大力提倡推广小整薯播种以及芽栽技术外，实行切刀消毒不容忽视，这也是减轻发生危害的有效措施之一。目前用于切刀消毒的药剂主要有 84 消毒液、75% 乙醇、0.1% 高锰酸钾、40% 福尔马林等，可根据情况选择使用。

六、种薯浸泡

由于切刀消毒只能杀死种薯表面的部分病菌，因此为保险起见，推广种薯药剂浸泡技术也是减轻马铃薯病虫害发生危害，确保高产的有效措施之一。目前可用于浸泡的药剂主要有50%甲托、40%多菌灵可湿性粉剂以及春雷霉素等药剂，可根据情况选择使用。

七、采用适当的耕作栽培措施

根据各地具体的生产条件，采取适当的耕作栽培措施可有效地防治和减少马铃薯的病虫害危害。这些措施，包括改变种植密度、调整株行距、起垄种植、高培土等。此外，在马铃薯生长期间的水分管理和养分管理，对防止马铃薯空心及其他生理性病害，也有重要的作用。

调整播种期，使马铃薯植株避过病虫害的危害高峰时期也是有效的措施。例如，避开蚜虫迁飞高峰时期可以获得高质量的种薯。

八、及时使用适当的药剂

当无法获得抗性品种或因抗性品种无法提供特殊品质要求时，要根据实际情况对病虫害进行药剂防治。例如，用于薯条加工的品种夏坡地和用于炸片的品种大西洋，由于目前尚未有可替代的抗晚疫病品种，在种植这两个品种时有必要进行适当的药剂防治以获得较好的收成和较高的经济效益。

在种薯生产中，当蚜虫的群体密度增加到影响质量的时候，就必须使用杀虫剂，以控制虫口的密度。如土壤中存在金针虫等地下害虫，播种时适当地使用杀地下害虫的药剂，对提高马铃薯产量和商品率有很好的效果。

九、保护天敌

天敌可减少农药的使用量并降低生产成本和保护生态环境。较常见的天敌有七星瓢虫和食蚜虫的黄蜂等。危害马铃薯的蚜虫、螨类、粉虱、潜叶蝇等都可以通过增加其天敌来进行有效地防治。在我国许多马铃薯生产区，多年来薯农一直没有使用任何农药的原因可能与他们无意中对天敌的保护有关。

在种薯生产中，进行蚜虫种群密度的动态监测可以最大限度地发挥天敌的作用，即使当虫口密度超过警戒值，在选择施用农药时，也应最大限度地保护天敌不受损害。

十、适时收获和注意贮藏

在收获前 1~2 周，如果植株没有自然枯死，可以用机械的方法将植株地上部分杀死，使块茎的表皮能够充分老化，这样可以抵御收获时的损伤和其他病原物的侵害。特别是当植株感染晚疫病后，应尽早将植株杀死以减少晚疫病对块茎的感染。收获后的块茎应尽量避免暴露在阳光下或长时间堆放在田间，避免高温、雨水以及其他病原对块茎的影响。对商品薯而言，长时间受阳光影响还容易变绿，降低商品质量。

贮藏前将感病虫害的块茎清理出来，对贮藏窖的消毒处理和对贮藏期间的病虫害（如块茎蛾）防治，有利于减少贮藏期间病虫害的影响。

第二节 马铃薯的常见病害防治

一、真菌性病害

（一）早疫病

1. 病症识别

早疫病斑在田间最先发生在植株下部较老的叶片上。开始出现小斑点，以后逐渐扩大，病斑干燥，为圆形或卵形，受叶脉限制，有时有角形边缘。病斑通常是有同心的轮纹，像树的年轮，又像"靶板"（见图5-1）。新老病斑扩展，会使全叶褪绿、坏死和脱水，但一般不落叶。严重时叶片从下部向上逐步干枯，植株成片提前枯死，有时发展到全田，每提前枯死一天，每亩减产50千克。块茎上的病斑，黑褐色、凹陷，呈圆形或不规则形，周围经常出现紫色凸起，边缘明显，病斑下薯肉变褐。腐烂时如水浸状，呈黄色或浅黄色。

图5-1 马铃薯早疫病症状

2. 传播途径

早疫病是真菌病害。病原菌在植株残体和被侵染的块茎上或其他茄科植物残体上越冬。病菌可活一年以上。翌年马铃薯出苗后，越冬的病菌形成新分生孢子，借风雨、气流和昆虫携带，向四周传播，侵染新的马铃薯植株。一般早疫病多发生在块茎开始膨大时。植株生长旺盛则侵染轻，而植株营养不足或衰老，则发病严重。所以，在瘠薄地块的马铃薯易得早疫病。在高温、干旱条件下，特别是干燥天气突降阵雨，而后晴天曝晒，这样的干热和雨水交替出现时，早疫病最易发生和流行，而且发展迅速。

3. 防治方法

对早疫病的防治，过去都不太重视，认为早疫病不会造成太大的危害，重点都放在晚疫病上了，结果近年出现了早疫病突发，造成了很大损失。早疫病的防治，除综合防治的农艺措施外，现在已有很多有效杀菌剂可用，通过实践证明防效很好，现介绍如下。①世高（哑醚唑）。10%水分散粒剂，为内吸性杀菌剂，持效期可达14天，对早疫病有超强的防治作用，用量为每亩35～50克。②博邦（苯醚甲环唑）。10%水分散粒剂，是新一代三唑类内吸、传导、广谱性杀菌剂，耐雨水冲刷，药效持久，对作物安全、低毒、低残留、环保型，是对马铃薯早疫病治疗和预防的特效剂。每亩用量40克。③金力士（丙环唑）。25%悬浮剂，治疗早疫病，双向内吸传导，同时还有保护作用，渗透力强、黏着力好、耐雨水冲刷。最好在封垄后施用，不能与铜制药剂、碱性物质、碱性制剂等混合使用。每亩用量6~9克。④好力克（戊唑醇）。430克/升悬浮剂，具有内吸作用，是治疗兼保护型制剂，是早疫病专用杀菌剂。每亩用量15~20毫升，最大用量不能超过20毫升，否则对新生茎叶有抑制作用。

另外，可杀得、易保、鸽哈、阿米西达、百菌清、喷克、科博等对早疫病也有兼治作用，可配合使用。

（二）丝核菌溃疡病

丝核菌溃疡病，也称茎溃疡病、茎基腐病、黑痣病、黑色粗皮病，是种薯带病和土壤传播的病害。

1. 病症识别

芽块播种在田里，或因种薯带菌或因土壤中病菌侵染，幼芽顶部出现褐色病斑，使生长点坏死，称为烂芽，停止生长，有的从芽条下部节上长出一个新芽条，造成不出苗或晚出苗。出现苗不全、不齐、细弱等问题。在出苗前和出苗后，主要感染地下茎，使地下茎上出现指印状或环剥的褐色溃疡面。同时使薯苗植株矮小或顶部丛生，严重的植株顶部叶片向上卷曲萎蔫，有时腋芽生长气生薯。中期茎基部表面产生灰白色菌丝层，易被擦掉，擦后下面组织生长正常。被感染的匍匐茎为淡红褐色斑，轻者虽能结薯，但长不大，重者不能结薯，匍匐茎乱长或死掉。受侵染的植株，根量减少，形成稀少的根条。在受侵染植株上结的块茎上，表面附着大小不一、形状不规则的、坚硬的、土壤颗粒状的黑褐色土疤。这些土疤是菌核休眠体，冲洗不掉，而土疤下边组织完好，称为黑痣病，成为翌年种薯带病的菌源。

2. 传播途径

丝核菌溃疡病的病原菌，是一种真菌，其无性阶段是立枯丝核菌，全世界大量作物和野生植物都是它的寄主，分布广泛。其菌核可以在块茎上、植株残体上或土壤里越冬。翌年春季温、湿度适合时，菌核萌发侵入马铃薯幼芽、幼苗、根、地下茎、匍匐茎、块茎，在新块茎上又形成菌核，土壤中也存留菌核，越冬后又成为翌年的菌源。所以，很少轮作或不轮作的土地，丝核菌存活量会加大，再使用被侵染的种薯，就更增加了菌源。适宜丝核菌发病流行的环境条件是较低的温度和较大的土壤湿度。据资料介绍，土壤温度18℃最适宜其发生发展。同时，由于地温低，薯芽生长慢，在土里时间长，又会增加病菌的侵染机会。病害的发展会随着温度提高而减轻。结薯后土壤湿度大，特别是排水不良，新块茎上的黑痣（菌核）形成会加重。

3. 防治方法

轮作倒茬，使用无病种薯及有关农艺措施不再细述，重点介绍化学药剂防治方法。

（1）芽块包衣（拌种）。①苗盛（福美双＋戊菌隆）。47%可湿性拌种剂，每1 000千克芽块，用药粉660～720克，兑12～15千克滑石粉，掺混均匀后，拌在刚切好的芽块上，要均匀粘着每个芽块，形成包衣。②适乐时（咯菌腈）。2.5%悬浮种衣剂，每1 000千克芽块，用悬浮剂1 000毫升，兑水3~4升稀释后（水量不要太多），用细雾喷头的喷雾器均匀喷在芽块上，使每个芽块的每个部位都被药液覆盖。之后可用滑石粉对甲基硫菌灵再拌种块，使芽块降低湿度，直接播种（也可沟喷，见后）。③扑海因（异菌脲）。50%可湿性粉剂，1 000千克芽块用药粉400克，兑滑石粉12~15千克，拌在芽块上。④戴挫霉（抑霉唑）。22.2%乳油，为咪唑类杀菌剂，对丝核菌有特效。用乳油100毫升，兑水3升稀释后；用细喷头喷雾器，均匀喷1 000千克芽块上，使每个芽块都粘到药液（也可沟喷，见后）。⑤甲基硫菌灵（丽致）。可湿性粉剂，其细度小于薯块气孔，有内吸性，拌种不仅能防丝核菌溃疡，还能促进伤口愈合，防其他病菌感染。每1 000千克芽块，用药粉300~500克，对滑石粉12~15千克，拌在刚切完的芽块上。也可与其他杀菌剂、杀虫剂混用。

（2）播种沟喷施。①阿米西达（嘧菌酯）：25%悬浮剂：除对丝核菌溃疡防效较好外，对其他土传病害如银屑病、粉痂病也有防效。每亩用悬浮剂40~60毫升，最好用带喷药装置有双喷头的播种机，开沟、下种、喷药、覆土一次完成。药液经前、后两个喷头喷出，不仅芽块整个都沾上药液，同时对垄沟内土壤也进行了消毒。②金纳海+鸽哈：每亩各用80克（毫升），用上述同样方法进行播种沟喷雾。③戴挫霉：每亩用乳油30~40毫升，兑水30~40升，用如上方法进行播种沟喷雾。④适乐时：每亩用悬浮液 50～60 毫升，播种沟喷雾。⑤扑海因 500 克/升悬浮剂：每亩用悬浮剂 50 毫升，播种沟喷雾。⑥瑞苗清（24% 恶霉灵 +6% 甲霜灵）：每亩用 20～30 毫升，沟喷。⑦凯润（吡唑醚菊酯）25% 乳油：40 毫升/亩，兑水 30 升，喷入播种沟的芽块及土壤中。

（3）苗期叶面喷施。①阿米西达：结合早疫病、晚疫病防治，进行早期叶面喷施，除防治病害外，还有刺激薯秧生长的作用。每亩用悬浮剂 32～48 毫升。②戴挫霉：可与叶面肥混合施用，做到治养结合，尽快控制病斑的扩展，促使根系及匍匐茎重新快速生长。每亩用戴挫霉 40 毫升，加磷钾动力（磷酸二氢钾）100 毫升，叶面喷施。如病情严重可连用 2～3 次。

（三）种薯田杀秧前 5～7 天叶面喷施

（1）金纳海＋鸽哈。各 80 克（毫升），进行叶面喷施，不仅可以杀死丝核菌，对其他真菌、细菌都有作用，减少种薯带病，降低翌年种植的菌源，有利于贮藏。

（2）戴挫霉。每亩用药 30～40 毫升，或配成 1 000～2 000 倍液，杀秧前喷施，可防止贮藏病害传染，预防种薯带病。

（四）黄萎病

在南方和水分严重不足需要灌溉的沙漠地区，以及冷凉地区生长季节长时间温暖、干燥气候条件下，黄萎病都可能严重发病。

1. 病症识别

该病易引起植株早期感染。主要特征是叶片黄化，从基部开始逐步向上发展，可能在茎的一侧叶片先萎蔫，出现发育不对称性。提早枯萎死亡，形似早熟。横切基部茎可见维管束变成淡褐色，有的品种茎基部外表有坏死条纹。被侵染植株上结的块茎中有一部分，维管束环为淡褐色，严重的髓部有褐斑，更严重的块茎里形成洞穴；芽眼周围可能出现粉红色或棕褐色的变色。有时被侵染的块茎表面出现不规则的与中等晚疫病相似的斑点。

2. 传播途径

黄萎病是真菌中黑白轮枝菌或大丽轮枝菌侵染的结果。这些真菌能长期存活在土壤里或植物的残体上，并有广泛的寄主，如茄科植物、其他双子叶草本或木本植物。所以，带菌土壤，黏附在块茎上的、工具上的带菌土壤，或灌溉水，感病的块茎、杂草都可以进行传播。同时，它的分生孢子也可以通过气流传播，还可以通过根系的接触，从一株传给另一株。

轮枝菌的侵染，是通过根毛、伤口、枝条、叶面进行的。土壤中的线虫、真菌、细菌之间的交互作用会加剧该病的发生。

3. 防治方法

①搞好轮作倒茬：与禾谷类、其他禾本科或豆科作物进行3年以上轮作，不能与茄科作物轮作。②消灭感病的

杂草，如藜、蒲公英、荠菜、问荆等。③防治好地下害虫、线虫及真菌、细菌病害，减少轮枝菌侵染的机会。④搞好芽块拌药处理：可以用内吸杀菌剂，如甲基硫菌灵，非内吸杀菌剂，如代森锰锌、代森联等。

具体使用方法同前。

二、细菌性病害

（一）环腐病

1. 病症识别

田间马铃薯植株如果被环腐病侵染，一般都在开花期出现症状。先从下部叶片开始，逐渐向上发展到全株。初期叶脉间褪绿，逐渐变黄，叶片边缘由黄变枯，向上卷曲。常出现一穴一两个分枝叶片萎蔫。还有一种是矮化丛生类型，初期萎蔫症状不明显，长到后期才表现出萎蔫。这种病菌主要生活在茎和块茎的输导组织中，所以块茎和地上茎的基部横着切开后，可见周围一圈输导组织变为黄色或褐色（见图5-2）或环状腐烂，用手一挤就流出乳白色菌脓，薯肉与皮层即会分开。

特别是贮藏的块茎，挤压后能排出奶油状、乳酪状无味的细菌菌脓，与皮层明显的分开。二次侵染，一般是软腐病细菌，进一步使块茎腐烂，掩盖了环腐病症状，还可能出现外表肿胀，不平的裂缝和红褐色，这些症状有时会出现在芽眼附近。

图5-2　马铃薯环腐病症状

2. 传播途径

　　环腐病是马铃薯环腐杆状杆菌侵染，为细菌性病害。病菌主要在被侵染的块茎中越冬，在田间残存的植株中也能越冬，但在土壤中不能存活。因此，它的主要传播途径就是种薯。当切芽的刀子切到病薯后再切健薯，就把病菌接种到健康的芽块上，可以连续接种28个芽块。同时装芽块的袋子、器具等粘上腐烂黏液，也会沾到健薯上进行传播。在田间，也可由雨水、灌溉水和昆虫等，经伤口传入马铃薯茎、块茎、匍匐茎、根及其他部位的伤口或皮孔等部位进行侵染。某些刺吸口器昆虫也能把病菌由病株传播到健株上。

　　在温暖、干燥的天气有利于症状的发展，地温18~22℃时病害发展迅速。当温度高于适宜温度时，延缓症状出现。

（二）黑胫病

1. 病症识别

这种病也叫黑脚病。被侵染植株从腐烂的芽块向上的地下茎、根和地上茎的基部形成墨黑色的腐烂，有臭味，因这种典型的症状而得名。此病可以发生在植株生长的任何阶段。如发芽期被侵染，有可能在出苗前就死亡，造成缺苗；在生长期被侵染，叶片褪绿变黄，小叶边缘向上卷，植株硬直萎蔫，地下茎部变黑，非常容易被拔出。叶片乃至全株萎蔫，以后慢慢枯死。已结块茎的植株感染了黑胫病，轻的从匍匐茎末端变黑色，再从块茎脐部向块茎内部发展，肉变黑、逐步腐烂、发出臭味，严重的块茎全部腐烂（见图5－3）。

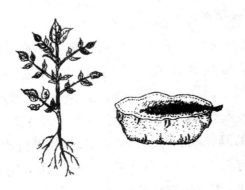

图5－3　马铃薯黑胫病症状

2. 传播途径

黑胫病是细菌性病害，是黑胫病欧氏杆菌感染，有时胡萝卜软腐欧氏杆菌变种也引起黑胫病。它的病原菌主要来自带病种薯和土壤。细菌可在感病的残株或块茎里存活、越冬，并可在土壤里存活，低温潮湿条件下存活时间相对长些。染病芽块的病菌直接进入幼苗体内而发病，重者不等出苗就腐烂在土里，释放出大量病菌。这些病菌在马铃薯和杂草的根际活动繁殖，可随土壤、水分移动到健株，从皮孔侵染健康的块茎。病菌在被侵染的块茎中存活，又可在切芽和操作中传播给健康薯块。土壤潮湿和比较冷凉时（18℃以下），非常有利于病菌的传播和侵染。在温暖（23~25℃或再高些的温度）、干燥条件下病菌存活的较少，传播的距离也短，侵染的也较少。

（三）软腐病

1. 病症识别

软腐病一般发生在生长后期收获之前的块茎上及贮藏的块茎上。被侵染的块茎，气孔轻微凹陷，棕色或褐色，周围呈水浸状。在干燥条件下，病斑变硬、变干，坏死组织凹陷。发展到腐烂时，软腐组织呈湿的奶油色或棕褐色，其上有软的颗粒状物。被侵染组织和健康组织界限明显，病斑边缘有褐色或黑色的色素。腐烂早期无气味，二次侵染后有臭气、黏液、黏稠物质。

2. 传播途径

软腐病是细菌性病害，胡萝卜软腐欧氏杆菌变种和黑胫病欧氏杆菌变种是软腐病的常见病原。这两种病原属厌气细菌，易在水中传播。软腐病的侵染循环与黑胫病相似。一般土壤中都有大量软腐病菌存在，侵染通过皮孔或伤口进入块茎，也易从其他病斑进入，形成二次侵染、复合侵染。早前被感染的母株，可通过匍匐茎侵染子代块茎。温暖和高湿及缺氧有利于块茎软腐。地温在 20～25℃ 或在 25℃ 以上，收获的块茎会高度感病。通气不良、田里积水、水洗后块茎上有水膜造成的厌气环境，利于病害发生发展。施氮肥多也可提高感病性。

三、病毒性病害

前文已经讲过马铃薯退化，主要是由马铃薯病毒病造成的。据病毒学家研究，迄今已发现能使马铃薯退化的病毒，包括类病毒在内已有 24 种，同时还有类菌原体病害两种。而严重影响马铃薯产量的病毒主要是：重花叶病毒（PVY），也称 Y 病毒和皱缩花叶病毒；普通花叶病毒·（PVX），也称 X 病毒；轻花叶病毒（PVA）也称 A 病毒；伪皱缩花叶病毒（PVM），也称 M 病毒；潜隐花叶病毒（PVS），也称 S 病毒；还有卷叶病毒（PLRV）；另外，有类病毒（PSTV），也称纺锤块茎病毒。下面重点介绍几种。

（一）重花叶病毒（PVY）

病症识别。该病毒是造成马铃薯退化并严重减产的主要病毒，并有几个不同病毒株系。不同病毒株系在不同马铃薯品种上有不同的病症表现，有的表现为轻花叶，有的是粗缩花叶，严重的为皱缩花叶。初发病顶部叶片背面叶脉上产斑驳，然后引起坏死，严重时沿叶柄蔓延到主茎，在主茎上产生褐色条斑，叶片完全坏死萎蔫，悬挂在茎上；并常有与 X 病毒、A 病毒、S 病毒复合侵染，则引起严重的皱缩花叶，减产可达 50% 以上。感病的块茎表皮上表现出淡褐色的环圈，有的病毒株系能诱发块茎内部和外部坏死。感病块茎作种薯，长出的再感染植株，表现矮化、丛生、节间短、叶片小、变脆，有普通花叶症状。

（二）普通花叶病（PVX）

病症识别。该病毒是在马铃薯种植区传播的比较广泛的病毒。通常的症状是植株叶片叶脉间花叶、叶片颜色深浅不一样，形成斑驳，叶片还是平展的，不变形、不坏死。但是严重感病植株，也有皱缩、卷曲和顶端坏死的表现。被感染植株结的块茎个数比正常植株少，块茎个头小，甚至坏死，减产 15% 左右。如果与 Y 病毒和 A 病毒复合侵染，则减产更为严重。

（三）轻花叶病毒（PVA）

病症识别。在马铃薯植株上引起轻微的花叶病状——褪绿的斑驳，在叶脉上和叶脉间呈现不规则的浅色斑，暗色部分比健叶颜色深，叶面稍有粗缩，叶缘波状，叶脉突起，叶片整体发亮。茎向外弯曲，使植株外观为开散状。在子代块茎上无症状。一般减产不明显，但与 Y 病毒复合侵染引起较严重的皱缩花叶时，就会造成严重减产。

（四）卷叶病毒（PLRV）

病症识别。马铃薯卷叶病毒是引发马铃薯退化最严重的病毒。最初症状是由蚜虫传毒引起的，起初症状在幼嫩叶片上，使叶片挺直、变黄，小叶沿中叶脉上卷，幼叶边缘基部常呈粉红色、紫红色。然后下部叶片出现症状。

一个被侵染的块茎种植后长成植株，底部叶片上卷、僵直、变厚，上面发亮、革状；用手捏叶片易断裂，并有脆声，用手触动似纸响声。叶背面有时变紫，逐步上部叶片卷曲，感病严重的植株矮小、黄化。

被卷叶病毒感染的植株结的块茎比健康植株个头小，数量少，有可能使块茎尾部薯肉发生褐色色变，首先是在脐部，薯肉由浅褐色变暗褐色，维管束组织细胞有选择的死亡。把块茎切开，薯肉有浅褐色网纹，称为网状坏死。网状坏死可以在田间和进库后几个月继续发展。

受卷叶病毒侵染能使产量下降40%～70%。

（五）纺锤块茎类病毒（PSTV）

病症识别。感病植株在开花前，茎叶症状很少出现，当有症状时茎和花梗变得细长，挺直，嫩叶上卷成凹槽形，顶端小叶重叠，称为束顶，开始矮化。

用感病块茎种植，长出的幼芽生长发育缓慢，茎直立、分枝较少；叶色灰绿，顶部竖立，叶缘波状或向上卷，叶片与茎成锐角，小叶扭曲，叶面皱缩不平，叶表粗糙。

病株结的块茎变长，顶端变尖，呈纺锤形，横断面为圆形。芽眼数增加，芽眼呈眉状，有的薯皮龟裂，严重畸形。红皮或紫皮品种，感病后褪色。病轻者减产15%～25%，重型植株引起严重症状，减产可达65%。

（六）病毒病传播途径

以上病毒病的传播方式基本相似。

（1）靠昆虫传播。Y病毒和A病毒等靠刺吸式口器昆虫传毒，如蚜虫，特别是桃蚜，传毒最严重。Y病毒和A病毒为非持久性病毒，蚜虫刺了带毒植株马上刺健株，几秒钟就能把毒传过去，而且传完之后，蚜虫口中不再有毒；而卷叶病毒为持久性病毒，蚜虫刺了带病植株后，口中带了病毒，病毒进入肠道由淋巴送入唾液，病毒在蚜虫体内繁殖，经一个多小时后，才有传毒能力，一旦带毒，可持续很长时间，跨龄或终生带毒。另一种靠咀嚼式口器的昆虫传毒，如X病毒和类病毒（纺锤块茎）。

（2）植株的汁液传播。带毒植株和健株相互摩擦，风、动物和人的田间活动，机械田间作业，也可以把病株汁液传给健株，使健株感病。

（3）种薯带毒传播。种植带毒种薯，就传给下一代的植株和块茎。

（4）靠花粉和实生种子传毒。如类病毒。

（5）真菌病菌带毒传播。如X病毒。

（七）病毒病防治方法

（1）大力推广普及脱毒种薯。茎尖脱毒是把带病毒植株体内的病毒脱掉成为脱毒（无毒）种薯供生产者应用。播种时应使用健康种薯。

（2）使用抗病毒品种。马铃薯栽培种中有对病毒有抗性的，可不受或少受病毒侵害，育种家也不断育出抗病毒品种，这些品种可供种植者选用。

（3）灭蚜、杀虫消灭传毒媒介。马铃薯种植田，特别是马铃薯繁种田，一定要采取各种有效办法，及时消灭蚜虫和其他害虫，消灭传毒媒介，堵塞各种传毒渠道。如喷施杀虫剂，在土壤中施用内吸性杀虫剂等，用黄板诱杀蚜虫等办法（详见本章常见虫害的防治）。

（4）及时拔除病株。做到最大限度地减少毒源，特别是在种薯田必须做到。

（5）种薯田必须搞好隔离。与普通马铃薯大田、茄科作物隔离 500 米以上，防止迁飞的蚜虫传毒。

第三节　马铃薯常见虫害的防治

一、蚜　虫

（一）危害症状

亦称腻虫，常群集在嫩叶的背面吸取汁液，严重时叶片卷曲皱缩变形，甚至干枯，严重影响顶部幼芽正常生长。花蕾和花也是蚜虫密集的部位。桃蚜还可以传播病毒。

（二）特征特性

蚜虫是孤雌生殖，繁殖速度快，从越冬寄主转移（迁飞）到第二寄主马铃薯等植株后，每年可发生 10 ~ 20 代。蚜虫靠有翅蚜迁飞扩散。有翅蚜一般在 4 ~ 5 月份向马铃薯迁飞或扩散。温度 25℃ 左右时生育繁殖最快，高于 30℃ 或低于6℃时，蚜虫数量减少。暴雨大风和多雨季节不利于蚜虫繁殖和迁飞。桃蚜在秋末时飞回第一寄主桃树上产卵越冬。越冬卵到春季孵化后以有翅蚜迁飞到第二寄主危害。有时蚜虫的成虫或若虫在菜窖、温室、阳畦内越冬。桃蚜对黄色、橙色有强烈的趋性，而对银灰色有负趋性。

（三）防治方法

（1）农业防治。生产种薯，为了防止蚜虫传毒，在二季作区，春季应在蚜虫迁飞前收获，避开蚜虫危害。另外，出苗后要求每周应喷药一次。

（2）药剂防治。可用吡虫啉（蚜虱一遍净）可湿性粉剂加水2 000倍，或40%乐果乳剂加水1 000倍，或乙酰甲胺磷加水2 000倍，或50%抗蚜威加水2 000倍，或灭蚜松乳剂加水1 000倍，或50%马拉硫磷乳油加水1 000倍，或20%速灭杀丁加水2 000倍，或52.5%农地乐1 000～1 500倍液，或2.5%功夫1 000～1 500倍液，或2.5%扑虱蚜2 500倍液，或25%抗蚜威1 000～1 500倍液喷雾防治。

灭蚜药剂较多，可根据情况选择轮换使用，以免蚜虫产生抗性，影响防治效果。由于蚜虫繁殖快，蔓延迅速，必须及时防治。蚜虫多在心叶、叶背处危害，药剂难于全面喷到，所以在喷药时要周到细致。

二、茶黄螨

（一）危害症状

危害黄瓜、茄子、番茄、青椒、豆类、马铃薯等多种蔬菜。由于螨体极小，肉眼难以观察识别，常误认为是生理病害或病毒病害，对马铃薯嫩的茎叶危害较重。特别是在二季作地区秋季发生比较严重，个别田块严重时马铃薯植株呈褐色枯死，造成严重减产。河南省发生危害时间在秋季9月下旬至10月上旬。成螨和幼螨集中在幼嫩的茎和叶背刺吸汁液，造成植株叶片畸形。受害叶片背面呈黄褐色，有油质状光泽或呈油浸状，叶片边缘向叶背卷曲。嫩叶受害叶片变小变窄。嫩茎变成黄褐色，扭曲畸形。严重者植株枯死。

（二）特征特性

成虫活泼，尤其是雌虫，当取食部位变老时，立即向新的幼嫩部位转移，并且还有搬运雌螨、若螨至植株幼嫩部位的习性。卵和幼螨对湿度要求较高，只有在相对湿度80%以上时才能发育。因此，温暖多湿的环境有利于茶黄螨的发生。

（三）防治方法

（1）农业防治。许多杂草是茶黄螨的寄主，应及时清除田间、地边、地头杂草，消灭寄主植物，杜绝虫源。马铃薯种植地块不要与菜豆、茄子、青椒等蔬菜临近，以免传播。

（2）药剂防治。可用75%克螨特乳油加水1 000～1 500倍，或20%复方浏阳霉素加水1 000倍，或40%环丙螨醇可湿性粉剂加水1 000～2 000倍，或25%灭螨猛可湿性粉剂加水1 000～1 500倍，或杀螨脒水剂加水500～1 000

倍，或 20% 三氯杀螨醇加水 1 000 倍，或 40% 乐果乳油加水 1 000 倍等进行喷洒。茶黄螨生活周期较短，繁殖力特强，应特别注意早期防治。

三、马铃薯块茎蛾

（一）危害症状

块茎蛾以幼虫危害马铃薯。在危害叶片时，幼虫潜入叶的内部（大部分从叶脉附近蛀入叶内），因虫体很小，进入叶内专食叶肉，仅留下叶片的上下表皮和粗叶脉，叶片呈透明状。幼虫危害块茎时，从块茎的芽眼附近打洞钻入块茎内，粪便排在洞外。在块茎贮藏期间危害最重。幼虫钻入块茎后逐渐咬食成隧道，不仅严重影响食用品质，而且常造成块茎腐烂。受害轻的产量损失 10% ~ 20%，重的可达 70% 左右。而且对茄科作物都能危害。

（二）特征特性

块茎蛾属麦蛾科，为银灰色小蛾，体长 5 ~ 6 毫米，成虫成活 20 天左右，雌蛾可产卵 80 ~ 250 粒，卵产于叶脉处和茎基，在块茎上多产于芽眼、破皮、裂缝处。卵经 6 天左右孵化成幼虫，幼虫期 7 ~ 11 天。幼虫四处爬散，吐丝下垂，随风飘落在邻近的植株叶片上潜入叶内危害，在块茎上的幼虫则从芽眼蛀入。幼虫为白色或浅黄色，老熟时为粉红色，头部为棕褐色。幼虫共 4 龄，末龄幼虫体长 6 ~ 13 毫米。老龄幼虫吐丝作茧化蛹，经 7 ~ 8 天变成蛾子。夏天 30 天左右发生一代，冬天 50 天左右发生一代，一年可繁殖 5~6 代。块茎蛾为检疫对象，种植马铃薯和烟草的地区，两种作物可互为寄主，危害比较严重。在我国云南、贵州、四川等省发现较早，后来在湖南、湖北、安徽、陕西、甘肃也发现了块茎蛾。

（三）防治方法

（1）严格控制。块茎蛾是检疫对象，严禁到发生地区调种，防止虫害扩大传播。

（2）药剂防治。在成虫盛发期可喷洒 10% 赛波凯乳油 2 000 倍或 0.12 天力Ⅱ号可湿性粉剂 1 000 倍水溶液。块茎入窖后立即用 90% 敌百虫 1 000 倍液或 80% 敌敌畏 1 000 倍液喷洒薯堆。

（3）农业防治。加强田间管理，及时培土。在田间切勿让块茎露地面，以免被成虫产卵于块茎上。清洁田园，集中焚烧田间的植株茎叶和杂草，防止潜入的虫害继续存活。及时收运，马铃薯收获后，块茎应随即运回，不能在田间过夜，因为成虫在夜间或早晨活动产卵，会使块茎大量受害。入窖后薯堆普遍盖 3 厘米厚沙或在薯堆上用麻袋盖严，严防成虫产卵于薯块上。

四、蓟 马

（一）危害症状

该虫一般存活于叶片的背面，吸食叶片皮层细胞，使叶面上产生许多银白色的凹陷斑点，危害严重时可使叶片干枯，破坏叶片的光合作用，降低植株生长势，甚至引起植株枯萎，影响产量。

（二）特征特性

体形很小，只有 1~2 毫米。褐色，头、胸部稍浅，前腿节端部和胫节浅褐色。在南方各城市一年发生 11~14 代，在华北、西北地区年发生 6~8 代。在 20℃ 恒温条件下完成一代需 20~25 天。以成虫在枯枝落叶层、土壤表皮层中越冬。翌年 4 月中、下旬出现第一代。10 月下旬、11 月上旬进入越冬代。10 月中旬成虫数量明显减少。蓟马世代重叠严重。成虫寿命春季为 35 天左右，夏季为 20~28 天，秋季为 40~73 天。

（三）防治方法

（1）农业防治。改善生长环境，干旱有利于蓟马的繁殖。马铃薯生产田应及时灌溉，可有效减少蓟马的数量，减轻危害。

（2）药剂防治。可用 90% 敌百虫 800~1 000 倍液，或 0.3% 印楝素乳油 800 倍液，或每公顷 150~370 毫升的 20% 氰戊菊酯乳油 3 300~5 000 倍液，或每公顷 450~750 毫升的 10% 氯氰菊酯乳油 1 500~4 000 倍液进行叶片正反两面喷施。

五、叶 蝉

（一）危害症状

以成虫、若虫吸取叶片汁液，被害叶初现黄白色斑点，渐扩大成片，严重时全叶苍白早落。它们以植物的汁液为食使植株变弱，也会引入一些毒素进一步危害植株。有些种类还会传播类菌原体病害，如星状黄化和丛枝病。成虫在落叶、杂草或低矮作物中越冬。

（二）特征特性

分布广泛，体形小，成虫 3 毫米左右且移动性强。

（三）防治方法

（1）农业防治。清洁田园，枯枝落叶集中销毁。深翻土地，冬耕晒垡垄。和非本科的作物轮作，水旱轮作最好。选用排灌方便的地块种植马铃薯。使用充分腐熟的农家肥。

（2）药剂防治。10% 吡虫啉可湿性粉剂 2 500 倍液，或 25% 灭幼酮可湿性粉剂 250～300 倍液，或 25% 噻嗪酮（扑虱灵）可湿性粉剂 1 400 倍液叶面喷施。

六、金针虫

（一）危害症状

叩头虫的幼虫，常咬食马铃薯的根和幼苗，并在块茎形成后钻进块茎内取食，使块茎丧失商品价值。咬食块茎过程还可以传播病害，或造成块茎腐烂。

（二）特征特性

金针虫的成虫是一种甲虫，各地均有分布，体型细长，头部可上下活动并使之弹跳。幼虫细长 20～30 毫米，皮金黄色、坚硬、有光泽。3 年完成一代，幼虫期最长。成虫在

3～5厘米土壤处产卵，每个雌虫可产卵100粒左右，经过30～40天孵化。

成幼虫。幼虫初期为白色，而后变黄。幼虫冬季在土壤深处越冬。3～4月份间开始上升活动，土温10～16℃时危害最甚，温度21～26℃时又进入土壤深处。

（三）防治方法

参照蛴螬防治方法。由于蛴螬种类多，常为几种混合发生，因地因时采取相应的综合防治。①做好预测预报工作；②实行水、旱轮作；③药剂处理土壤；④药剂拌种；⑤毒饵诱杀；⑥物理方法治；⑦生物防治。

七、蝼 蛄

（一）危害症状

发生危害普遍的是非洲蝼蛄和华北蝼蛄。在盐碱地和沙壤土地危害最重。在3～4月份开始活动，昼伏夜出，在土表下潜行，咬食马铃薯幼根或把嫩茎咬食断，造成幼苗枯死，缺株断垄。危害多种蔬菜及作物。

（二）特征特性

蝼蛄3～4月开始活动危害。成虫于4～5月份在土深10～15厘米处产卵，每次可产卵120～160粒。卵经过25天孵化成若虫。成虫和若虫均在土壤中越冬，洞深可达1.5米。

蝼蛄昼伏夜出，以夜间9～11时活动最盛，特别是在气温高、湿度大、闷热的夜晚，大量出土活动。早春或晚秋因天气凉爽，仅在表土层活动。蝼蛄有趋光性，并对香甜物质以及马粪等有机肥具有强烈的趋性，喜欢潮湿的土壤。

（三）防治方法

①毒饵防治。②黑光灯诱杀。晚上19～22时在无作物的地块进行，在天气闷热的雨前夜晚效果更好。③马粪诱杀。在被危害的田块地头、地边堆积新鲜的马粪，诱集后扑杀。

第四节 马铃薯草害防治

马铃薯田间杂草是指生长在马铃薯田中，危害马铃薯生长的非马铃薯的植物。它们具有适应能力强、传播途径广、种子寿命长，繁殖方式多样、出苗时间不定，结籽多，种子成熟早晚不一等特点。在田间与马铃薯争肥、争水、争光照、争空间，并成为传播病虫害的中间寄主，从而降低马铃薯的产量和品质，收获时还妨碍收获，给马铃薯生产造成损失。所以，称之为草害。

小面积种植时，通过翻、耙、耢、耱等农艺措施和人工拔除等办法，就可以解决杂草危害的问题，但随着马铃薯种植面积的不断扩大，特别是大型农场现代化种植，为马铃薯田杂草的防除技术提出了更高、更迫切的要求，所以越来越凸显出化学药剂除草在马铃薯生产中的重要位置。由于化学除草有高效、彻底、省工、省时，且便于大面积机械化操作的优点，因此，化学除草已成为马铃薯现代化栽培的主要内容之一。

一、马铃薯田主要杂草种类

（一）按植物系统分

单子叶——杂草种子胚有一个子叶，叶片窄而长，叶脉平行，无叶柄。主要有禾本科、莎草科。

双子叶（阔叶）——杂草种子胚有两个子叶，草本或木本，网状叶脉，叶片宽，有叶柄。其中有菊科、十字花科、藜科、蓼科、苋科、唇形科、旋花科等。

（二）按生活类型分

寄生型杂草——自己没有有机物合成能力，靠寄主提供营养维持生存。如列当、菟丝子等。

自生型杂草——自己进行光合作用，合成有机质，为自己生存提供营养。其中有多年生、2年生、1年生等种类。

二、马铃薯田除草剂使用方法

马铃薯田除草剂的使用方法有两种。

（一）土壤处理

使用封闭性除草剂，可以在播种前进行，也有的在播后出苗前进行。这类除草剂，通过杂草的根、芽鞘或胚轴等部位吸收药剂有效成分后进入杂草体内，在生长点或其他功能组织部位起作用杀死杂草，如氟乐灵、乙草胺、异丙甲草胺等。

（二）茎叶处理

有两种剂型可使用，一种是灭生性的，对所有杂草都有杀灭作用。在杂草已出苗，而马铃薯没出苗时进行杂草茎叶喷雾，通过茎、叶、芽鞘及根部吸收，抑制杂草生长，使杂草死亡。如百草枯、草甘膦等。另一种是选择性的，对不同植物有选择性，能杀死杀伤某些杂草，而对马铃薯无害。在马铃薯和杂草共生时期喷施除草剂，杀草保苗，如喹禾灵、精吡氟禾草灵等。

三、化学除草剂的具体使用技术

（一）播后苗前封闭杀灭

（1）乙草胺（禾耐斯）。是酰胺类除草剂，可防除一年生禾本科杂草及小粒种子的阔叶草。用量：每亩50%乙草胺乳油用150～200毫升，或90%乙草胺乳油90～120毫升。

（2）异丙甲草胺（金都尔）。酰胺类除草剂，可防除一年生禾本科杂草和部分阔叶草、莎草。用量：96%异丙甲草胺乳油，每亩用40～80毫升，持效期40～60天。喷药时土壤湿度应大些、效果好。

（3）氟乐灵（氟特力）。二硝基苯胺类除草剂，是最早在马铃薯上应用的除草剂。对一年生禾本科杂草和小粒种子的阔叶草有杀灭作用。用量：48%氟乐灵乳油100～130毫升/亩。易挥发、易光解降效，喷施后应与土混合，保持药效。对下茬谷子、高粱生长有影响。

（4）二甲戊乐灵（除草通、杀草通、施田补）。二甲戊乐灵是二硝基苯胺类除草剂。为防除多种一年生禾本科杂草和阔叶杂草的广谱土壤封闭除草剂。每亩用33%二甲戊灵乳油300～400毫升。要根据土壤有机质含量高低具体确定用量。有机质含量高的适当增加用量。

（5）嗪草酮（赛克、赛克津）。嗪草酮为三氮苯类除草剂。是防除一年生阔叶杂草的土壤处理剂。用量：70%嗪草酮可湿性粉剂，45～100克/亩。用量应随土壤有机质含量增加而增加。应注意的是：在沙土或土壤有机质低于2%的土壤，及pH大于或等于7.5的土壤，前茬玉米地用过阿特拉津的地块不宜使用赛克进行除草。

（6）地乐胺（双丁乐灵）。属二硝基苯胺类除草剂。防除一年生禾本科杂草及部分阔叶草，对寄生性杂草菟丝子有防效。用量：48%地乐胺乳油150～200毫升/亩（可参照大豆始花期用100～200倍液喷雾，防除菟丝子小心试用）。

（7）异丙草胺（普乐宝）。异丙草胺属酰胺类除草剂，为内吸传导型除草剂。防除一年生禾本科杂草及小粒种子的阔叶草。不仅用于马铃薯田除草，在大豆、玉米、甜菜、向日葵、洋葱等作物都可使用。剂型有72%乳油、50%可湿性粉剂。推荐用量：每亩用72%乳油100～200毫升。土壤有机质含量越高用量应越大，含有机质3%以下的沙土用100毫升/亩；有机质含量在3%以上的壤土可用到180毫升/亩以上。

（8）噁草酮（农思它）。噁草酮属环状亚胺类选择性触杀型芽期除草剂。可防除一年生禾本科杂草及阔叶草。主要用于播后苗前土壤处理，杂草幼芽接触吸收药剂则死亡。用量：25%噁草酮乳油，每亩用 120～150 毫升。

（9）田普（二甲戊灵）。为二硝基苯胺类除草剂。杀草谱广，防除一年生禾本科杂草及阔叶草。剂型是 45% 微胶囊剂，属旱田苗前封闭性除草剂，施药后在土表形成 2～3 厘米药层，杀灭杂草。同时对作物安全，不伤根，不挥发，不易光解，持效期 45～60 天。用量：灰灰菜较多的地块110 毫升/亩。如果草多、土壤黏重、有机质高于 2%，或要求持效期长些，可适当增加用量。

（二）播后苗前对杂草茎叶喷雾杀灭

在土壤湿度适合，气温相对较高的情况下，往往在马铃薯没出苗前，各种杂草已出，可采用灭生性除草剂对杂草进行茎叶喷雾杀灭。

（1）百草枯（克芜踪、对草快）。百草枯属联吡啶类除草剂。是速效触杀型药剂，用于茎叶处理，发挥作用快，只杀绿色部分，不损伤根部，施用时最好在下午或傍晚，使农药推迟见光时间，可提高防治效果。用量：20%百草枯水剂，每亩用 200～300 毫升。

（2）草甘膦（农达、农民乐、达利农）。草甘膦属有机磷类除草剂。有内吸传导广谱灭生性作用，能在植物体内迅速向分生组织传导。高效、低毒、低残留，易分解，对环境安全。用量：10% 草甘膦水剂，每亩用 500～750 毫升对水喷雾。

（三）马铃薯及杂草出苗后茎叶喷雾杀灭

1. 精吡氟禾草灵（精稳杀得）

精吡氟禾草灵属芳氧苯氧丙酸类内吸传导型茎叶处理剂。在一年生或多年生禾本科杂草 3～5 叶期，进行茎叶喷雾杀灭。用量：每亩用 15% 精吡氟禾草灵乳油 50～100 毫升。高温干旱或杂草苗大时，适当增加用药量，对马铃薯安全，施药后 2～3 小时下雨，不影响效果。

2. 精喹禾灵（精禾草克）

精喹禾灵属芳氧苯氧丙酸类。内吸传导型茎叶处理剂。可杀灭一年生禾本科杂草，在杂草苗 2～5 叶时，进行茎叶喷雾。用量：5% 精喹禾灵乳油 50～80 毫升/亩。如果用到 80 毫升/亩，对多年生禾本科杂草和大龄一年生禾本科杂草有防效。

3. 高效吡氟乙禾灵（高效盖草能）

高效吡氟乙禾灵属芳氧苯氧乙酸类。内吸传导型茎叶处理剂。可杀灭一年生和多年生禾本科杂草，对芦苇等防效较好，对马铃薯安全。在杂草 3～5 叶期喷施。用量：12.8% 高效吡氟乙禾灵 35～50 毫升/亩。杀灭芦苇应加大药量，用到 60～90 毫升/亩。

4. 精噁唑禾草灵（威霸）

精噁唑禾草灵属芳氧苯氧乙酸类传导型茎叶处理剂。杀灭一年生和多年生禾本科杂草，在杂草 2～4 叶时茎叶喷雾。用量：6.9%精嗯唑禾草灵乳油50~60毫升/亩。

5. 烯草酮（收乐通）

烯草酮属环己烯酮类内吸传导型苗后选择性茎叶处理剂，可杀灭一年生和多年生禾本科杂草。用量：12%烯草酮乳油35~40毫升/亩，若草龄较大可用60~80毫升/亩。

6. 砜嘧磺隆（宝成）

砜嘧磺隆属磺酰脲类除草剂，具内吸传导作用，可做播后苗前土壤封闭和苗后杀灭杂草使用，对一年生禾本科杂草、部分阔叶草及多年生莎草都有防效。茎叶处理时在禾本科杂草2~4个叶前喷药，阔叶草在5厘米高之前效果好。用量：每亩25%砜嘧磺隆干悬浮剂5~6克，加水26~30升，在无风天进行田间喷雾。配药时先配成母液再加入喷药罐，同时加入0.2%的表面活性剂，最好是中性洗衣粉或洗涤剂。据报道，油菜和亚麻对宝成敏感，所以施用过砜嘧磺隆的地块翌年不种油菜或亚麻。另外，据观察，在天气炎热时施用砜嘧磺隆马铃薯叶片会出现如花叶病似的斑驳，几天后才能恢复。

近年国内农药生产厂家根据农民的需求，试配了许多复合型除草剂，禾阔兼治，如顶秧、薯来宝等，马铃薯种植者都可以通过试用后，确实高效安全的就可以大面积使用。

（四）长残留除草剂对后茬马铃薯的影响

马铃薯对除草剂比较敏感，上茬施用除草剂，往往因长残留对下茬马铃薯产生影响，因中毒使植株萎缩，造成严重减产，所以马铃薯种植者在选地时必须了解清楚上茬是否施过除草剂，用的什么除草剂，对下茬马铃薯是否有危害，再做决定。用作倒茬的土地，种植其他作物，使用除草剂时，也一定控制不用对下茬马铃薯有危害的除草剂。

　　都有哪些除草剂对马铃薯下茬有碍生长，其安全隔离时间是多少？据王亚洲研究结果，列在表5-1中，供读者参考。

表5-1　施用除草剂下茬种植马铃薯安全隔离期表

除草剂名称	异　名	每亩用量（g、mL）	安全隔离期（月）
5%味草烟水剂	普施特、普杀特、豆草哇	100	36
20%氯嘧磺隆可湿性粉剂	豆磺隆、豆威、豆草隆	5	40
48%异恶草酮乳油	广灭灵、草灭灵	100	9
25%氟磺胺草醚水剂	虎威、除豆莠、北极星	100	24
38%莠去津悬浮剂	阿特拉津、盖萨普林	350	24
10%甲磺隆可湿性粉剂	合力、甲氧嗪磺隆	5	34
20%氯磺隆可湿性粉剂	绿磺隆	5	24
50%二氯喹啉酸可湿性粉剂	快杀稗、杀稗特、神锄、克稗灵、杀稗灵、稗草亡	15~24	24
4%烟嘧磺隆浓乳剂	玉农乐	10	18
70%嗪草酮可湿性粉剂	赛克、赛克津、立克除、甲草嗪	33~66	0

第六章 马铃薯的收获与贮藏

第一节 马铃薯的收获

一、收获适期

食用薯块和加工薯块以达到成熟期收获为宜，马铃薯在生理成熟期收获产量最高。生理成熟的标志是：①叶色由绿逐渐变黄转枯，这时茎叶中养分基本停止向块茎输送；②块茎脐部与着生的匍匐茎容易脱离，不需用力拉即与匍匐茎分开；③块茎表皮韧性较大、皮层较厚、色泽正常。一般商品薯生产应考虑这些情况，尽量争取最高产量。种用薯块应适当早收，一般可提前 5~7 天收获。马铃薯的收获期还应依据气候、品种等多种因素确定。实际上有的时候不一定在生理成熟期收获。如结薯早的品种，其生理成熟期需 80 天（出苗后），但在 60 天内块茎已达到市场要求，即可根据市场需要进行早收，这是因品种而异的早收。另外，秋末早霜后，虽未达到生理成熟期，但因霜后叶枯茎干，不得不收；有的地势较低洼，雨季来临时为了避免涝灾，必须提前早收；还有因轮作安排下茬作物插秧或播种，也需早收等。遇到这些情况，都应灵活掌握收获期。

还有一种特殊情况，即二季作区春薯作种，必须在有翅蚜虫大量迁飞之前收获，或及时把薯秧割掉，防止蚜虫大量传播病毒，才能保证种薯质量。这与商品薯提前收获有原则上的区别。因商品薯为了高产、增收，而种薯则要求无毒、无病、高质量，只要求繁殖系数高，不要求高产、大块。这是解决春季商品薯和种薯生产矛盾的关键。

另外，有的农民为了把大块的马铃薯提早上市，常采取"偷"薯的办法，即先把每株上的大块茎摘收，而后加肥、培土、浇水。只要不损伤植株根系，马铃薯植株仍可正常生长，剩下的小块茎仍有较高的产量。

总之，收获期有各种情况，应根据实际需要而定。但在收获时要选择晴天，避免在雨天收获，以免拖泥带水，既不便收获、运输，又容易因薯皮擦伤而导致病菌入侵，发生腐烂或影响贮藏。

二、收获方法

马铃薯的收获质量直接关系到保产和安全贮藏。收获前的准备、收获过程的安排和收获后的处理，每个环节都应做好，才能避免因收获不当而受到损失。

（一）收获前的准备

收获前要割掉茎叶，清除田间残留子叶，准备好条筐或塑料筐。检修收获农具，不论机械还是木犁都应修好备用。盛块茎的筐、篓要有足够的数量，有条件的要用条筐或塑料筐装运，最好不用麻袋或草袋，以免新收的块茎表皮擦伤。还要准备好入窖前的种薯和商品薯的临时预贮场所等。

（二）收获过程的安排

收获方式可用机械收获，也可用木犁翻、人力挖掘等。但不论用什么方式收获，一要注意不能因使用工具不当，大量损伤块茎，如发现损伤过多时应及时纠正；二要收获彻底，不要将块茎大量遗漏在土中，用机械收或畜力犁收后应再复查或耙地捡净。

收获时要先收种薯后收商品薯，如果品种不同，也应注意分别收获，不要因收获混杂功亏一篑。特别是种薯，应绝对保持纯度。

（三）收获薯块的晾晒

马铃薯薯块收获后，可在田间就地稍加晾晒，散发部分水分，以利于贮运，一般晾晒4小时。晾晒时间过长，薯块将失水萎蔫，不利于贮藏。

（四）收获薯块的预贮

收获的块茎要及时装筐运回，不能放在露天，更不宜用发病的薯秧遮盖，要防止雨淋和日光暴晒，以免堆内发热腐烂和外部薯皮变绿。同时要注意先装运种薯后装运商品薯。要轻装轻卸，不要使薯皮大量擦伤或碰伤，并应把种薯和商品薯存放的地方分开，防止混杂。

夏季收获的马铃薯，正值高温季节，收获后应将薯块堆放到10～15℃的阴凉、通风室内、窖内或阴棚下预贮2～

3周，使块茎表面水分蒸发，伤口愈合，薯皮木栓化。预贮场所应宽敞、通风良好，堆高不宜超过0.5米，宽不得超过2米，并在堆中放置通风管，在薯堆上加覆盖物遮光，使食用的块茎尽量放在暗处，通风要好。预贮时间为15~20天，使块茎表面水分蒸发，擦伤表皮愈合后入窖贮藏。

（五）预贮薯块的分级

经过预贮处理后，还要进行分级挑选，剔除有病虫危害、机械损伤、萎缩及畸形的薯块，并要注意轻拿轻放和对薯块进行大小分级。

第二节　马铃薯的贮藏

一、贮藏方法

马铃薯块茎收获后，不论留种或食用，都要妥善贮藏，以利于延长其寿命和市场供货期。否则，易引起腐烂或发芽，丧失利用价值。

马铃薯块茎是有生命的器官，本身含水分又多，收获后，仍继续进行呼吸作用，产生水分、二氧化碳和热量，常使贮藏处温度升高，造成不利于块茎贮藏的环境条件，所以贮藏的地方必须通风良好。块茎在贮藏期间，受温度和湿度的影响很大。温度在1℃以下，块茎容易受冻变质；温度超过4℃以上，时间长了，芽眼容易萌动，引起种薯退化；同时发了芽的薯块龙葵素含量即会增多，就会失去食用价值；温度忽高忽低，也易引起薯块腐烂。空气中相对湿度过高时，块茎容易发霉，过低则薯皮皱缩，食味变劣。

贮藏前要先晾一下，以排湿散热，并剔除有病及机械损伤的薯块，以杜绝病原。贮藏后的最初半个月左右，块茎呼吸作用旺盛，散发水分很多，这时贮藏的地方要求有10～15℃的温度，通风良好，以利于薯皮伤口愈合；以后20天左右，要尽量排出热气。随呼吸作用的逐渐缓慢，块茎进入休眠状态，这时应保持2～3℃的温度、90%左右的湿度。当严冬到来时，要做好防寒防冻及通风换气工作。夏收的薯块，贮藏初期要保持阴凉的环境，防止高温引起腐烂。贮藏的方法，由于各地温、湿度、地下水位等条件的不同，方式较多。但主要有室外窖藏法和室内堆藏法两类。

（一）室外窖藏法

室外窖藏法可分为地上窖与地下窖两种：

（1）地上窖是选择地势高燥的屋角或大树荫下，外用木板或土砖围住，底部垫16～17厘米厚细沙土，然后放入块茎，堆满后，上部盖细土17～20厘米，并拍紧实。这种方式适于在地下水位较高的地方采用。一般70厘米高、1米宽、2米长的窖，约可贮块茎1 000千克。

（2）地下窖是选择地势高燥、排水良好的树荫下，掘70厘米深、1米宽、长度视贮薯量而定。在窖的四周掘排水沟，避免雨水侵入窖内。块茎贮放好后，盖上一层沙土，厚为50～70厘米，使它呈屋脊形，稍加压实，再盖干稻草或麦秆，以防日晒雨淋。

（二）室内堆藏法

室内堆藏法一般采用平地窖藏法：即是在阴凉通风的房屋内，靠北面原有墙壁，用土砖砌成长方形窖，块茎放入后，上盖一层 10 ~ 13 厘米厚的湿润沙土。一般高和宽各 1 米、长 3 米的窖，可贮藏 2 500 千克左右。此外，在室内选阴凉有漫射光的地方，也可用竹片分层搭架，每层高 50 厘米，因架高度不等，可分成 5 ~ 10 层，每层贮放块茎。为防止块茎在贮藏中度过休眠期而发芽，可在刚收获的块茎上，喷 0.06% 萘乙酸（NAA）溶液，这样能保藏到翌年新薯收获时，还不会发芽。如把处理过的块茎放在通风处，让残留的药剂挥发，解除药效，再置于阳光下，经过一段时间，仍能照常发芽生长。也可在块茎收获前三周，用 0.04% 萘乙酸、0.05% 顺丁烯二酸酰肼（MH）或 0.01% 2，4，5 - 三氯苯酚乙酸（2，4，5 - T）等溶液，喷射植株，任其吸收至块茎中，也可抑制块茎在贮藏期间的萌发。

二、块茎的贮藏环境与窖藏管理

贮藏窖内的环境条件直接影响着块茎在贮藏期间的生理生化变化，良好的贮藏环境是块茎贮藏好坏的重要保证。

（一）温度

贮藏温度是决定块茎贮藏质量的最重要条件。块茎与其环境总是处在热力平衡中。刚收获的块茎本身原有的热量，呼吸产生的代谢热量以及土地内部传导来的热量和外面空气流入的热量之间，形成了热的对流环境。块茎呼吸产生的热量取决于块茎的呼吸强度和块茎量，块茎呼吸产生的代谢热从块茎表面会立即被传送到周围环境的空气中，周围较冷的空气流入薯堆，循环往复，从而使薯堆的温度与周围的实际空气温度趋向平衡方向发展，但在一般情况下它不会与周围的实际空气温度趋向相等，而总是高于周围空气温度，高出多少视薯堆高度而定，据测定，不通风堆内的最高温度比周围空气温度约高出 1.8h℃（h 为堆高米数），也就是说其温度之差正好是薯堆高度的 1.8 倍。堆内平均温度比周围空气温度高出的度数是堆高的 1.2 倍（1.2h℃）。所以，为使堆内温度不至于过高，通常，要求堆高不超过 2 米。一般以不超过窖高 60% 的高度，而以窖高的 50% 高度最为合适，这样可以保证良好的空气对流和块茎的呼吸正常进行，可堆高温度没有升得太高的情况即建立起热力平衡前，如果呼吸作用增强，产热量增多，产生的热量超过对流散失的热量，上升的温度超过对流加强的温度，薯堆就会发生过热现象；相反，块茎呼吸发生的热量低于周围空气的热量，就会使堆温下降，最后造成低温受冻。因此，做好堆温的调节是做好窖藏管理的关键。

一般在贮藏初期，在 15～20℃ 下经过伤口愈合后，应使窖温下降至适宜温度。根据前面块茎在贮藏期间的生理生化变化及块茎的不同用途的要求，在整个贮藏期间的温度是：作为种薯的以 2～3℃ 贮温可以使种薯具有更强的生活力；商品薯则以 4～5℃ 为宜；工业加工用块茎为防止发酵变黑和保证最少的消耗，短期贮藏以 10～15℃ 为宜，长期贮藏以 7~8℃为宜。整个贮藏期间根据气温的变化和薯堆温度进行科学的管理。刚入窖时正值外界气温较高，块茎尚处浅休眠状态，周皮尚未完全木栓化，伤口没有完全愈合时，呼吸强度大，放出热量多，薯堆温度高，湿度大。因此，该期应加强空气流通，降低薯堆温度，防止薯堆过热。而在立春前后，块茎正处深休眠状态，呼吸弱，放出热量少，外界温度降到了一年中最低温度阶段。所以，该期应是防止外面冷空气进入窖内，降低薯堆温度，防止块茎受冻。开春以后气温迅速增高，应防止外界热空气进入窖内增高窖内温度，而使块茎发芽，降低食用和加工的品质。

（二）湿度

刚收获的块茎表面湿度大，加之块茎本身含水量高和块茎呼吸产生的水汽，通过薯皮的渗透和蒸发，在薯堆内水汽最高，而由对流进入薯堆的空气往往没有被水汽所饱和，因此，当空气从薯堆中泄出时，就会带走较多的水分；如果在通风的情况下，这些带有较多水分和较高温度的空气扩散到外界，以及外界较低温度和较干空气的进入，这样循环往复就会使窖内的温度和湿度不断降低，块茎不断失水，直到趋向新的平衡。因此，在块茎贮藏之初，当薯堆温度高，湿度很大的情况下，需要加强空气对流，以降低堆内的温、湿度；但当进入严冬季节，窖温开始逐渐下降，此时窖门气眼全部封闭，与外界空气的对流停止，窖内的水汽量基本保持恒定；但是在一定温度下，空气中所能容纳的水汽量是一定的，温度愈低容纳的最大水汽量愈少；因此，当气温进一步下降时，窖顶温度达露点以下时，如果窖内水汽量过大，多余的水汽还会在窖的四壁凝结成水滴。在北方窖藏的深冬季节常常会使薯堆上层块茎很湿，附着一些小水珠，即所谓的"出汗"，就是因为薯堆内的温度较高，含水量较大的空气逸出薯堆，与薯堆表面冷空气相遇，而使多余水汽凝结的结果。因此，常在薯堆上面覆盖一定厚度的稻草或其他秸秆，使堆顶部的块茎较温暖，从而缓和了薯堆顶部冷热的差距，不致使堆顶块茎上凝水，造成湿度过大而引起腐烂；而且覆盖物还可接受由窖顶融化的霜水。总的来说，窖藏期间保证湿度80%～90%最为合适，在这样的湿度范围内，块茎失水不多，不会造成萎蔫。

（三）空气成分

块茎在贮藏期间进行呼吸作用吸收氧气放出二氧化碳和水分，在块茎贮藏初期，呼吸强度大，需氧气多，放出二氧化碳也多；在通风良好的情况下，空气可以进入薯堆，进行良好的气体的交换，不会引起缺氧和二氧化碳的积累；但如果通风不良，就会引起块茎缺氧呼吸，不仅养分消耗增多，还会引起组织窒息而产生"黑心"；种薯长期贮存在二氧化碳过多的窖内，就会影响种薯活力，而且发现块茎贮藏期间还会产生一种抑制发芽的挥发物，容易造成生产上发生缺苗和产量下降。因此，在贮藏期间，或是运输过程，特别是贮藏初期，保证空气流通，促进气体交换是重要环节。所以，应加强通风设备管理。另外，薯堆内的泥土会增加薯堆空气流通的阻力，且泥土覆盖薯皮也会影响热量的散失。所以，应选择适宜的天气和土壤湿度进行收获及选择较轻质土壤种植。但由于块茎处在深休眠状态时，呼吸很弱需氧不多，放出二氧化碳气体也少。所以，该期气体交换不是主要矛盾，而防冻则是关键。块茎通过休眠之后，呼吸加强，需要氧气增多，加强气体交换，充足氧气和一定的温度都会促进块茎的发芽，特别是该期外界气温已升高，温暖空气进入会提高窖温。因此，为避免迅速萌芽，阻止和减少空气的流通是有效的。

参考文献

[1] 庞淑敏，等. 怎样提高马铃薯种植效益. 北京：金盾出版社，2010

[2] 赖凤香，林昌庭. 马铃薯稻田免耕稻草全程覆盖栽培技术. 北京：金盾出版社，2010

[3] 孙周平. 马铃薯高产优质栽培. 沈阳：辽宁科学技术出版社，2010

[4] 崔杏春. 马铃薯良种繁育与高效栽培技术. 北京：化学工业出版社，2010

[5] 徐洪海. 马铃薯繁育栽培与贮藏技术. 北京：化学工业出版社，2010

[6] 谭宗久，等. 马铃薯高效栽培技术. 北京：金盾出版社，2010

[7] 杨占国，张玉杰. 甘薯马铃薯高产栽培与加工技术. 北京：科学技术文献出版社，2010